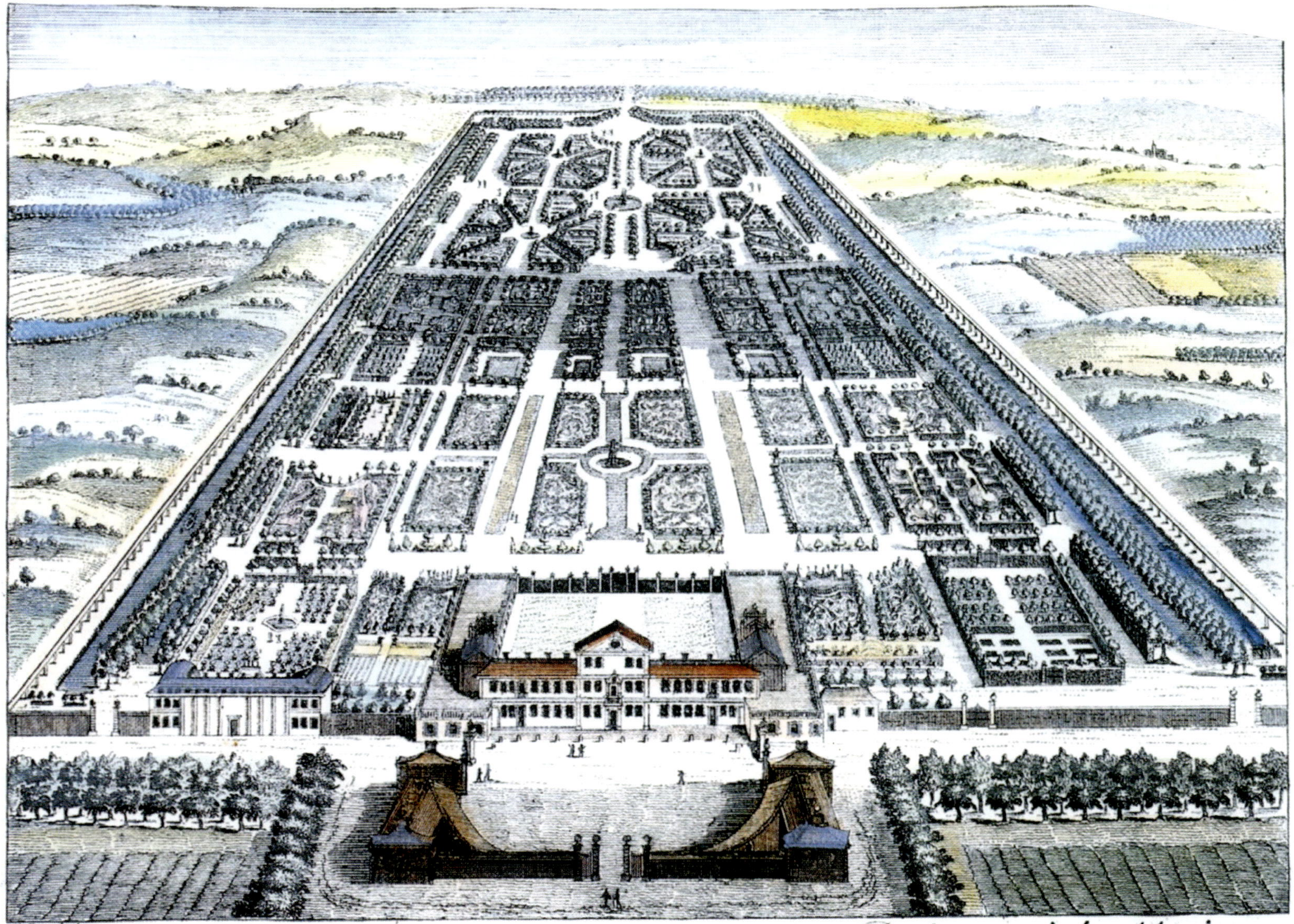

R. Parr sculp.

A View of the Palace and Gardens belonging to his Britannick Majesty at Herrenhausen near Hanover

Printed for John Bowles at the Black horse in Cornhill.

Meinem Freund Clemens Wimm
mit allen guten Wünschen
zum 80ten Geburtstag gewidmet.
Diez, den 23. Juli 2012,

Erwin

Anzeige 1911

1. Auflage August 2011

Gestaltung, Bildbearbeitung und -restaurierung, Druckvorstufe:
PHOENIX Werbung, Service & Communication Andreas Asche
Weetzener Landstraße 112 · 30966 Hemmingen-Westerfeld
Telefon (05 11) 52 489 489 · Telefax (05 11)52 489 305 · www.phoenix-werbeagentur.com

Gesamtherstellung: ELBE DRUCKEREI GMBH
Breitscheidstraße 17A · 06886 Lutherstadt Wittenberg
Printed in Germany 2011

Verlag und Buchhandel: Leuenhagen & Paris
Lister Meile 39 · 30161 Hannover · www.leuenhagen-paris.de

ISBN 978-3-923976-84-3

Es begann in Hannover

Kekse · Kommißbrote · Rechenmaschinen

Über Persönlichkeiten, Traditionsunternehmen und Meilensteine der Technik-Geschichte

herausgegeben von
Dieter Tasch und Horst-Dieter Görg

mit Beiträgen von

Torsten Hamacher, Gunter Hartung, Klaus-Dieter Hoppe und Erwin Stein,
Arbeitskreis Technik- und Industrie-Geschichte
in der Region Hannover (AK TIG),

in Kooperation mit dem
Technik-Forum Hannover e.V.

Inhalt

Einleitung – Visionen eine Chance geben

Seiner Zeit voraus zu sein, ist eine kostbare und seltene Gabe. Wie beglückend muss es sein, durch kühne Visionen und bahnbrechende Erfindungen technischen, medizinischen oder sozialen Fortschritt zu erreichen. Und wie unendlich frustrierend, mit revolutionären Ideen bei den eigenen Zeitgenossen auf Gleichgültigkeit, Misstrauen und Unverständnis zu stoßen, als Paradiesvogel oder Außenseiter zu gelten. Im Spannungsfeld dieser Gefühle stand vermutlich Gottfried Wilhelm Leibniz, der letzte Universalgelehrte, als er 1678 mit seinem Plan einer Feuerversicherung für alle Untertanen weder zu seinem hannoverschen Landesherrn, Herzog Johann Friedrich, noch (1680) zum Kaiser durchdringen konnte.

Wie im Falle des großen Philosophen, Mathematikers, Naturwissenschaftlers und Juristen Leibniz braucht es manchmal Generationen, bis sich innovative Konzepte durchsetzen. Damals wie heute erkennt oft erst die Nachwelt, welches Potenzial zum Wohl und Nutzen eines Gemeinwesens im Geist ihrer genialen Vordenker schlummerte. Für das Modell eines kollektiven, solidarischen Brandschutzes nach dem Prinzip gegenseitiger Absicherung schlug diese Stunde in Hannover 1750. Zu diesem Zeitpunkt war Leibniz schon 34 Jahre tot. Der frühe Theoretiker des Versicherungswesens, Entwickler der höheren Mathematik und Erfinder hochkomplexer Rechenmaschinen starb am 14. November 1716 als einsamer Greis von siebzig Jahren und, man muss es gestehen, fast vergessen von den Hannoveranern.

Doch nun, Mitte des 18. Jahrhunderts, fand die von ihm formulierte Forderung, dass Unglücksfälle „gleichsam gemein gemacht werden und einer dem anderen sie tragen helfe", einen neuen, engagierten Fürsprecher: Der evangelische Abt zu Loccum, Georg Ebell, verhalf seiner Initiative zum Durchbruch. Er war der Vorsitzende der regionalen, ständischen Selbstverwaltung im Fürstentum Calenberg-Grubenhagen, der so genannten „Landschaft". Andere Landschaften im Kurfürstentum Hannover eiferten bald dem Vorbild der „Brand-Assecurations-Sozietaet" von 1750 nach und gründeten eigene Versicherungen. Sie schlossen sich seit 1850 allmählich zusammen. Daraus entstand die „Landschaftliche Brandkasse Hannover".

Getragen von den Landschaften, war die Brandkasse nie ein staatliches, aber auch kein privates Unternehmen. Sie ist unverändert seit ihrer Gründung selbständig und heimatverbunden – in jedem Sinne ein Teil der Landschaft. Als eine Art Versicherungsverein auf Gegenseitigkeit hat sie keine Eigentümer und gibt ihre Überschüsse den Versicherten zurück.

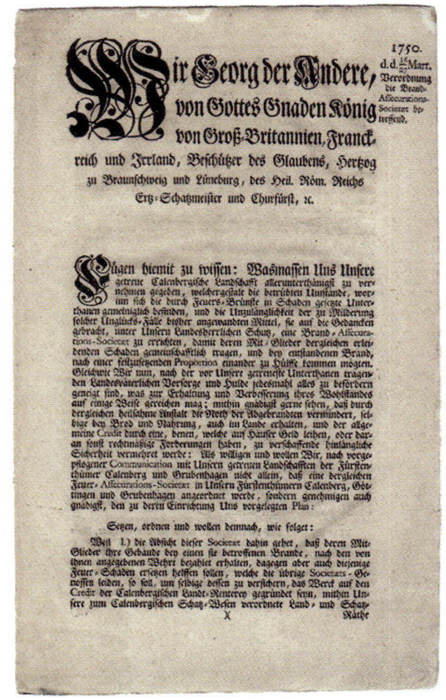
Wir Georg der Andere, von Gottes Gnaden König von Groß-Britannien, Franckreich und Irrland, Beschützer des Glaubens, Hertzog zu Braunschweig und Lüneburg, des Heil. Röm. Reichs Ertz-Schatzmeister und Churfürst, rc.

1750. d.d. 16/27 Mart. Verordnung die Brand-Assecurations-Societaet betreffend.

Fügen hiemit zu wissen: Wasmassen Uns Unsere getreue Calenbergische Landschafft allerunterthänigst zu vernehmen gegeben, welchergestalt die betrübten Umstände, worinn sich die durch Feuers-Brünste in Schaden gesetzte Unterthanen gemeiniglich befinden, und die Unzulänglichkeit der zu Milderung solcher Unglücks-Fälle bisher angewandten Mittel, sie auf die Gedancken gebracht, unter Unsern Landesherrlichen Schutz, eine Brand-Assecurations-Societaet zu errichten, damit deren Mit-Glieder dergleichen erleidenden Schaden gemeinschafftlich tragen, und bey entstandenen Brand, nach einer festzusetzenden Proportion einander zu Hülffe kommen mögten. Gleichwie Wir nun, nach der vor Unsere getreueste Unterthanen tragenden Landesväterlichen Vorsorge und Hulde jedesmahl alles zu befördern geneigt sind, was zur Erhaltung und Verbesserung ihres Wohlstandes auf einige Weise gereichen mag; mithin gnädigst gerne sehen, daß durch dergleichen heilsahme Anstalt die Noth der Abgebrandten vermindert, selbige bey Brod und Nahrung, auch im Lande erhalten, und der allgemeine Credit durch eine, denen, welche auf Häuser Geld leihen, oder daran sonst rechtmäßige Forderungen haben, zu verschaffende hinlängliche Sicherheit vermehret werde: Als willigen und wollen Wir, nach vorgepflogener Communication mit Unsern getreuen Landschafften der Fürstenthümer Calenberg und Grubenhagen nicht allein, daß eine dergleichen Feuer-Assecurations-Societaet in Unsern Fürstenthümern Calenberg, Göttingen und Grubenhagen angeordnet werde, sondern genehmigen auch gnädigst, den zu deren Einrichtung Uns vorgelegten Plan:

Setzen, ordnen und wollen demnach, wie folget:

Weil 1.) die Absicht dieser Societaet dahin gehet, daß deren Mit-Glieder ihre Gebäude bey einen sie betreffenen Brande, nach den von ihnen angegebenen Wehrt bezahlet erhalten, dagegen aber auch diejenige Feuer-Schäden ersetzen helffen sollen, welche die übrige Societaets-Genossen leiden, so soll, um selbige dessen zu versichern, das Werck auf den Credit der Calenbergischen Landt-Rentereh gegründet seyn, mithin Unsere zum Calenbergischen Schatz-Wesen verordnete Land- und Schatz-

X Räthe

1 Diese Verordnung, die der König und Kurfürst gnädig erlassen hatte, ist datiert auf den 27. März 1750 und gilt als Gründungsurkunde der Calenberger Brand-Sozietät. Der schöne Druck auf sieben Seiten wurde auch wie ein Flugblatt verteilt, um die Städter aufzufordern beizutreten

2 *Ein Bauernhaus in Ottersberg trug über der großen Tür ein holzgeschnitztes, bemaltes Schild mit der Aufschrift „Assecuriert 1761". Das Haus ist längst abgerissen, das Schild aber gerettet worden*

1918 wurde auch die Provinzial Lebensversicherung Hannover gegründet. Nach ostpreußischem Vorbild wollte der Staat durch diese öffentliche Anstalt allen Bevölkerungskreisen eine günstige Lebensversicherung anbieten. Nach vier erfolgreichen Jahrzehnten schloss sich die hannoversche Provinzial im Jahre 1957 mit der Brandkasse zur VGH zusammen, der Versicherungsgruppe Hannover. Seit der Jahrtausendwende gehören außerdem die Provinzial Krankenversicherung Hannover AG und die Provinzial Pensionskasse Hannover AG zu den VGH Versicherungen.

Allein den öffentlichen Versicherern ist gemeinsam, dass sie nach Tradition und Satzung auf ihr heimisches Gebiet beschränkt sind. Das ist – anders, als man vermuten sollte – ein Vorteil, der die öffentlichen Versicherer in Niedersachsen zu Marktführern gemacht hat. Seit den Achtzigerjahren pflegen sie auch mit den Sparkassen eine enge Zusammenarbeit. Das Gesetz über die öffentlich-rechtlichen Versicherungsunternehmen in Niedersachsen (NöVersG) vom 10. Januar 1994 bestätigt zudem die einzigartige Rolle der Landschaften. Sie vertreten bei den VGH Versicherungen nach wie vor die Interessen der Versicherten.

Heute ist die VGH der größte Versicherer in Niedersachsen – mit einem lückenlosen Angebot an Sach- und Personenversicherungen für den privaten wie gewerblich-industriellen, den landwirtschaftlichen und kommunalen Bereich. Insgesamt sind rund 4.500 Mitarbeiter direkt oder mittelbar für den regionalen Marktführer tätig. Etwa 600 selbständige Versicherungskaufleute und ihre Mitarbeiter sowie die beiden VGH-Kooperationspartner, die Sparkassen und die LBS, bilden ein kundennahes, flächendeckendes Servicenetz. Nicht nur als Wirtschaftsfaktor und Arbeitgeber, sondern auch als Sponsor zahlreicher Projekte und Programme im sportlichen, kulturellen und sozialen Bereich engagiert sich die VGH traditionell für die Menschen in ihrem Geschäftsgebiet.

Dieser kurze Ausflug in die Historie und das Wesen des Unternehmens VGH zeigt, wie sehr die Impulse herausragender Persönlichkeiten bis heute nachwirken. Das Postulat Leibniz', die Not Einzelner auf die Schultern Vieler zu verteilen und dieses Prinzip des institutionalisierten Mitgefühls auf ein Fundament solider Versicherungsmathematik zu gründen, klang vor 300 Jahren wie Zukunftsmusik. Heute ist es eine gesellschaftlich akzeptierte, gut funktionierende Selbstverständlichkeit – und im Falle der VGH die Grundlage einer mehr als 260-jährigen Erfolgsgeschichte.

Obwohl nun die VGH eines der ältesten hannoverschen Traditionsunternehmen ist, mag der Leser sich fragen: Wieso bitten die Herausgeber gerade ein so „untechnisches" Unternehmen wie eine Versicherung, das Geleit zum vorliegenden Band zu schreiben? Schließlich erzählt das Werk doch vorrangig von Technik, Tüftlern und Erfindungen. Was hat ein reiner Dienstleister mit dem Arbeitskreis Technik- und Industrie-Geschichte in der Region Hannover zu tun, was mit dem Technik-Forum Hannover e.V.? Beide haben diese Reihe inspiriert und begleiten sie mit Beiträgen.

Nur am Rande und eher anekdotisch sei erwähnt, dass in der Assekuranz der Begriff „Versicherungstechnik", also die Kunst der risikogerechten Prämienkalkulation, eine ganz zentrale Rolle spielt. Viel entscheidender aber ist die Existenz zahlreicher Berührungspunkte, Schnittmengen und wechselseitigen Abhängigkeiten zwischen Versicherungen auf der einen Seite, Industrie und Technik auf der anderen. Versicherungen schützen nicht nur private Kunden vor den finanziellen Folgen von Schäden und Unfällen. Sie sichern auch die Betriebsrisiken von Firmenkunden ab, decken Verluste an Gebäuden, Werkshallen, Maschinen, Inventar, Fuhrpark und anderen Sach- oder Vermögenswerten. Die Assekuranz leistet außerdem bei berechtigten Ansprüchen aus der Betriebs-, Produkt-, Umwelt- und Managerhaftpflicht, bietet Kreditversicherungen und betriebliche Altersvorsorge an. Solche Sicherheitsnetze bieten in der modernen Ökonomie eine unverzichtbare Voraussetzung dafür, dass Unternehmen auch Neues wagen, forschen, entwickeln und in Produkte investieren, deren Zukunftsfähigkeit sich noch erweisen muss.

Kein Fortschritt, kein Durchbruch, keine Erfolge also ohne Versicherung. Doch wie bei kommunizierenden Röhren gibt es auch Wirkungen in die Gegenrichtung. Technische Entwicklungen haben sich im Laufe der Jahrhunderte immer wieder auf die Geschäftsergebnisse von Versicherungen ausgewirkt – im Positiven wie im Negativen. Segensreich etwa wirkte, dass schon Leibniz in seiner Denkschrift zur „Assecurations-Casse" Ideen entwickelte, wie man die Brandbekämpfung durch Wasserschläuche (er nannte sie „Schlangen") und durch neue Pumpen verbessern könnte. Seit Leibniz' Tagen widmet die VGH der Schadensverhütung und Schadensbegrenzung deshalb hohe Aufmerksamkeit. Die traditionelle Unterstützung der niedersächsischen Feuerwehren und die gemeinsame Brandschutzaufklärung der Bevölkerung haben hier ihre Wurzeln.

Die Industriegeschichte offenbart jedoch auch, dass technischer Wandel unbeabsichtigt Mensch und Natur belasten, gefährden und nachhaltig schädigen kann. Seit mehr als 175 Jahren stillt die industrialisierte, motorisierte Welt ihren stetig wachsenden Energiehunger mit immer größeren Mengen an fossilen Brennstoffen. Lange Zeit unbemerkt (oder ignoriert), hat dies zu einer globalen Klimaveränderung mindestens beigetragen. Sie entwickelt sich im 21. Jahrhundert zum problematischen Schadentreiber. Immer häufigere und heftigere Wetterextreme, vor allem Wirbelstürme, Überschwemmungen, Starkregen und Dürren, stellen auch die Versicherungsbranche vor große Herausforderungen.

3-5 Während die Calenberger Brandkasse anfangs mit dem Wappen ihrer Landschaft siegelte und das springende Pferd zeigte, ging dieses Symbol fünfzig Jahre später verloren, wie der Stempel (unten links) zeigt. Die „Bremen und Verdensche Brand-Casse" verwendete weiter das Wappen ihrer Landschaft

6 Etwa um 1865 wurde es üblich, dass Brandversicherungen sich farbige Blechschilder anfertigen ließen, um sie an den versicherten Häusern anzubringen. Wann die Vereinigte Landschaftliche Brandkasse Hannover diese Sitte begann, ist ungewiss. Das hier abgebildete Schild ist das älteste, das man kennt

VGH

Versicherer wie die VGH haben deshalb höchstes Interesse daran, Erfindungen und Technologien zu unterstützen, die helfen, solche Fehlentwicklungen zu korrigieren. Ganz bewusst ist die VGH Mitglied in Initiativen wie Ökoprofit und der Klima-Allianz Hannover, führt Symposien zum Klimawandel und zu Themen der Nachhaltigkeit durch. Mit der Einweihung unserer energetisch hoch effizienten Neubauten im Jahr 2009 und der laufenden ökologischen Modernisierung unserer Regionaldirektionen sind wir dem Unternehmensziel der Klimaneutralität ein gutes Stück näher gekommen. Auch unser Engagement für die Landesinitiative Brennstoffzelle und Elektromobilität knüpft an gute hannoversche Tradition an: Schon 1921 startete die Hannoversche Waggonfabrik, kurz HAWA, mit ihrem Elektromobil „Em 3" erste Versuche in diese Richtung. Wie Leibniz waren auch die Ingenieure aus Linden ihrer Zeit weit voraus – scheiterten aber (noch) an mangelnder Akzeptanz und Wirtschaftlichkeit. In unserem Kerngeschäft schließlich unterstützen wir die Verbreitung und Förderung regenerativer Energien durch Entwicklung maßgeschneiderter Versicherungslösungen für zukunftsweisende Technologien wie Wind-, Solar- und Wasserkraft, Biogas oder Geothermie. Die Wind- und Wasserkraft im Oberharzer Bergbau übrigens wurde 2010 von der UNESCO in das Weltkulturerbe aufgenommen. Ihr Erfinder: Gottfried Wilhelm Leibniz.

9 Zum 200-jährigen Jubiläum warb die Brandkasse mit einer Briefverschlussmarke und nahm damit eine alte Tradition wieder auf

Meine Vorstandskollegen und ich haben uns gefreut und nicht gezögert, als die VGH um finanzielle Unterstützung des zweiten Bandes der Reihe „Es begann in Hannover ..." gebeten wurde. Das Buch zeigt, wie wichtig es ist, bedeutende Pionierleistungen zu würdigen, zu dokumentieren und über die Grenzen unserer Stadt hinaus bekannt zu machen. Den Herausgebern und Autoren gebühren Dank und Anerkennung für Ihre Initiative.

Dr. Robert Pohlhausen
Vorsitzender des Vorstands der VGH Versicherungen

7 Die rote und blaue Wand prägen den Eingangsbereich der Hauptverwaltung der VGH

8 Dr. Robert Pohlhausen

Gottfried Wilhelm Leibniz

Der Universalgelehrte als genialer technischer Erfinder

Leibniz' Bedeutung als technischer Erfinder und Wissenschaftsorganisator

Die hier vorgestellten genialen Leibnizschen technischen Erfindungen waren grundlegend neu und ihrer Zeit weit voraus. Seine Rechenmaschinen prägten die weitere Entwicklung 250 Jahre lang, und mit seinem binären Zahlensystem und der sofort erkannten Möglichkeit des mechanischen binären Rechnens, insbesondere der Bewältigung der Zweierüberträge, war er der erste Wegbereiter heutiger elektronischer Rechenautomaten, zuerst verwirklicht im Jahre 1936 von Konrad Zuse mit einem mechanischen Rechenautomaten im binären Zahlensystem.

Leibniz' Pläne für Akademiegründungen mit dem Ziel der engen Verknüpfung grundlegender Forschung mit praktischen Anwendungen im Handwerk und in Manufakturen waren ganzheitlich angelegt und sollten Wissen und Methoden aller wissenschaftlichen und künstlerischen Fakultäten sowie gewerblicher Branchen interdisziplinär und international mit dem Postulat: „theoria cum praxi" vernetzen.

Die am 11. Juli 1700 in Berlin durch sein großes Engagement von Kurfürst Friedrich III gegründete Brandenburgische Sozietät der Wissenschaften (die zweite deutsche Akademie nach der Leopoldina, gegründet 1687) war als Ideenmodell mit planender Vernunft und einer starken sozialen Komponente unter dem Motto „commune bonum" (für das Gemeinwohl) universell konzipiert.

Mit seiner ars inveniendi, der Kunst des Erfindens, wollte er, wie an verschiedenen Beispielen gezeigt wird, nicht nur einzelne Erfindungen, sondern ganze Systeme neuer technischer und sonstiger Lösungen entwickeln und verwirklichen.

Dies macht ihn heute noch, zusammen mit seinen Beiträgen in Philosophie, Mathematik und geisteswissenschaftlichen Disziplinen, zu einem bemerkenswert aktuellen Ratgeber, auch wenn unsere postmoderne Industriegesellschaft mit schwierigen sozialen Problemen und einer stark säkularisierten Vernunft vor vielen damals unbekannten Problemen steht.

10 Leibniz' Vier-Spezies-Rechenmaschine mit Staffelwalzen 1696 -1698, Fotomontage mit Portrait von Leibniz

Die Leibnizschen dezimalen Vier-Spezies-Rechenmaschinen

Die handwerklichen und künstlerischen Wurzeln der europäischen Neuzeit reichen zurück zu den „Künstler-Ingenieuren" der italienischen Renaissance mit dem überragenden Maler und Erfinder Leonardo da Vinci (1452 bis 1519). In dieser Zeit wurden in Florenz die ersten technischen Patente erteilt.

11 Gottfried Wilhelm Leibniz, Kopie eines Portraits aus dem Jahre 1782, das Leibniz wohl im Jahre 1711 für den Mathematiker Johann Bernoulli anfertigen ließ. Maler und Kopist sind unbekannt, im Besitz der GWLB Hannover

Im 17. Jahrhundert, der Wiege der wissenschaftlich-technischen Neuzeit mit der Entwicklung der Infinitesimalrechnung durch Newton und Leibniz und der axiomatischen Mechanik durch Galilei, Newton, Huygens und Leibniz, entstanden auch die ersten mechanischen dezimalen Getriebe-Rechenmaschinen.

Wilhelm Schickard (1592 bis 1635), Tübingen, stellte 1623 eine sechsstellige Maschine mit einem vertikal angeordneten Multiplikations- und Divisionswerk unter Verwendung Neperscher Skalen des kleinen-Einmaleins auf zylindrischen Stäben, einem darunter horizontal angeordneten Additions- und Subtraktionswerk mit serieller Zahleneingabe und Addition oder Subtraktion von rechts nach links mit den erforderlichen Zehnerüberträgen in beiden Richtungen sowie einem darunter liegenden Speicherwerk. Diese Maschine ging im 30-jährigen Krieg verloren, konnte aber ab 1952 durch zwei erhaltene Briefe an Johannes Kepler in Tübingen nachgebaut werden.

Im Jahre 1642 stellte Blaise Pascal in Frankreich seine „Pascaline" vor, eine sechs- bis achtstellig gebaute Getriebe-Additionsmaschine, in der die Zehnerüberträge nur für Addition (von rechts nach links) erfolgen, während die Subtraktion durch die Addition von Komplementärzahlen (ziffernweise bezüglich der Ziffer 9) nachträglich verwirklicht wurde.

Gottfried Wilhelm Leibniz begann seine Studien für eine völlig neuartige „Vier-Spezies-Rechenmaschine", also für alle vier Grundrechenarten, bereits während seiner Tätigkeit in Mainz von 1667 bis 1672. Er wurde im März 1672 von Kurfürst Johann Philipp nach Paris gesandt. Dort, im damaligen europäischen Zentrum von Kultur und Wissenschaft, erfand er dreieinhalb Jahre nach Newton, im Jahre 1673, die zunächst geometrisch begründete Differential- und Integralrechnung und ließ auch seine erste Vier-Spezies-Rechenmaschine mit vier Eingabe-, sieben Resultat- und drei Zählwerkstellen von Pariser Uhrmachern bauen, Bild 12.

Leibniz berichtete bereits 1671 seinem Gönner und späteren Dienstherrn (ab 1677), Herzog Johann Friedrich von Braunschweig-Lüneburg-Hannover in

Hannover, begeistert über diese Erfindung. Er nannte seine Maschine später eine „lebendige Rechenbanck, in der alle Zahlen sich selbst rechnen, addieren, subtrahieren, multiplizieren, dividieren". Dies wurde möglich durch eine völlig neuartige, im Grunde einfache Logik des Rechnens mit gleichartigen Operationen für alle vier Grundrechenarten, aber hohen Ansprüchen an die handwerkliche Realisierung neuer Maschinenelemente. Leibniz' Erfindungen sind sozusagen „Kopfgeburten", die technische Schwierigkeiten nicht scheuten, wenn er sie als erforderlich erachtete. Daher ergaben sich große Herstellungsschwierigkeiten, auch zur Einhaltung erforderlicher Genauigkeitstoleranzen.

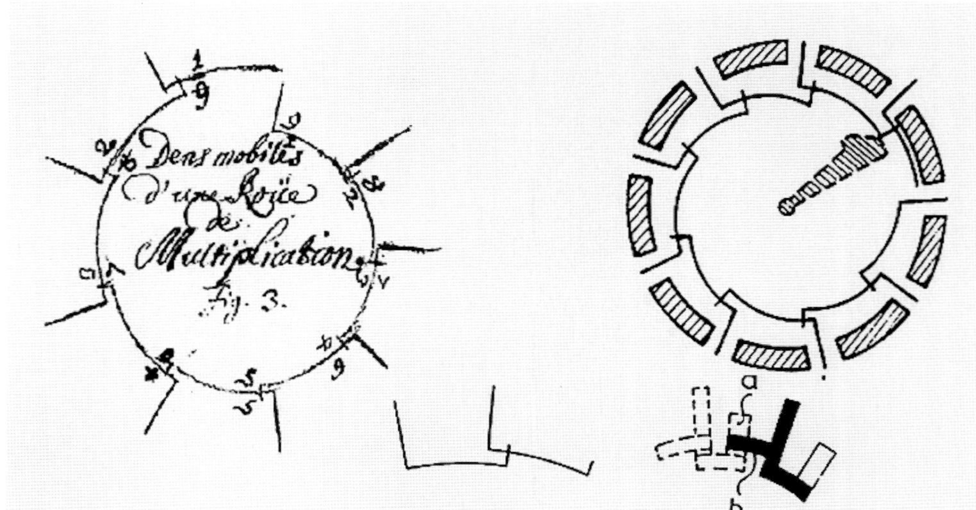

GWLB Hannover, LH XLII, 5, Bl. 62

GWLB Hannover, LH XLII, 5, Bl. 31r

Die von Leibniz zu Beginn der 1670er Jahre geborene Idee der Multiplikation von zwei Dezimalzahlen durch wiederholte Additionen mit verschiedenen Kommastellungen realisierte er mittels eines axial verschieblichen Schlittens, der auch die Zahleneingaben enthält. Entsprechendes gilt für die Division mit Hilfe wiederholter Subtraktion in verschiedenen Stellungen des Schlittens. Dies blieb das maßgebende Prinzip aller von Hand und elektrisch angetriebenen mechanischen Rechenmaschinen bis in die Mitte des 20. Jahrhunderts.

12 *Leibniz' erste Vier-Spezies-Rechenmaschine von 1673 mit Sprossenrädern für die Zahleneingaben*

13 *Leibnizsches Sprossenrad für die Zahleneingabe in seiner erster Rechenmaschine von 1673, links: Leibniz' Skizze mit 9 winkelförmigen Zähnen am Umfang, die mittels eines Hebels radial herausgeschoben werden und das darüber liegende Zählrad drehen; rechts: Konstruktionsskizze*

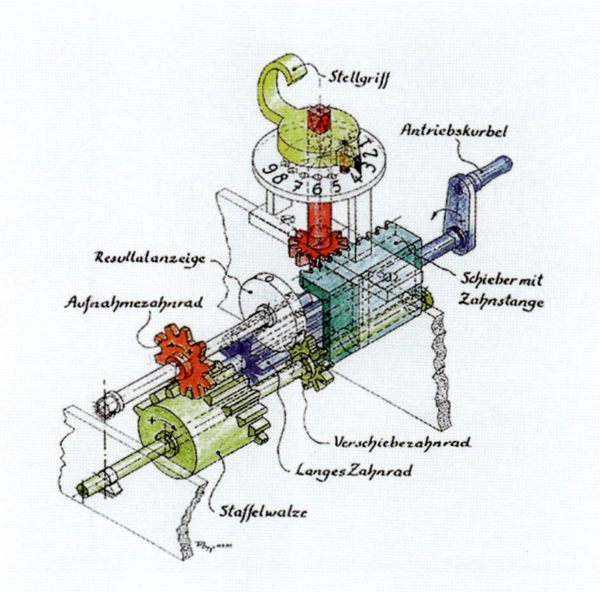

Die Zahleingabe der ersten Maschine von 1673 erfolgte mit Sprossenrädern, Bild 13. Hierbei wird durch das Drehen einer gefederten Drehklinke eine Sprosse mittels einer Knagge radial herausgeschoben. Ein konstruktiver Nachteil ist, dass die Knagge die Klinken aller jeweils kleineren Ziffern mit in Position halten muss, was bei größeren Ziffern, z. B. 7, 8 oder 9, zum Lösen der Einstellung führen konnte. In der von Johannes Poleni im Jahre 1709 verbesserten Sprossenradkonstruktion werden die einzelnen Sprossen sukzessive verriegelt, sodass ein Zurückspringen verhindert wird.

Leibniz stellte seine erste Maschine im März 1673 der Royal Society in London vor; sie rechnete aber fehlerhaft. Trotzdem wurde Leibniz deren Mitglied.

Ab 1682 befasste er sich mit einer neuen Konstruktion für die Zahleneingabe, der ebenfalls genialen Staffelwalze, Bild 14, die in den 1690er Jahren in seine vermutlich insgesamt drei großen Rechenmaschinen mit je acht Eingabe- und sechzehn Resultatstellen sowie einer Zählwerksstelle eingebaut wurden. Die einzig erhaltene Maschine wurde nach seinem Tod im Jahre 1716 zunächst Eigentum der Kurfürstlichen Bibliothek. Heute ist sie im Besitz der Gottfried-Wilhelm-Leibniz-Bibliothek in Hannover, Bilder 15 und 16.

Die Leibnizsche Staffelwalze hat 9 verschieden breite Zähne (volle Breite für die Ziffer 1 und kleinste Breite für die Ziffer 9) mit einem Teilungswinkel von

14 *Leibniz' Staffelwalze für die Zahleneingabe, entwickelt seit 1682, eingebaut in die großen Rechenmaschinen ab 1693; perspektivische Darstellung der Funktionsweise, Zeichnung von F. O. Kopp*

15 *Die einzig erhaltene große Leibnizsche dezimale Vier-Spezies-Rechenmaschine im Besitz der GWLB Hannover, Ansicht von oben*

22,5°, so dass die Zähne einen Teilumfang von 180° belegen. Mittels eines Drehgriffs wird eine Zahnstange mit der Staffelwalze axial bis zur gewünschten Ziffer verschoben. Darüber befindet sich das Aufnahmezahnrad auf einer parallelen Welle, auf die nach Drehen der Antriebskurbel die betreffende Ziffer übertragen wird. Auch diese Konstruktion war maßgebend bis in die Mitte des 20. Jahrhunderts.

Anders als bei Schickards serieller Addition werden bei Leibniz alle Ziffern einer Dezimalzahl gleichzeitig in das Rechenwerk übertragen. Damit ergab sich ein großes Problem bei den Zehnerüberträgen, Bild 17, die wie folgt ablaufen: Wenn ein Aufnahmezahnrad (mit der aus der Eingabe übertragenen Zahl) bei Addition von 9 auf 0 gedreht wird, nimmt ein auf gleicher Welle sitzender Einzahn das Muldenrad (mit 5 breiten Zähnen) im ersten Teil des Übertrags bei Leibniz um 18° mit.

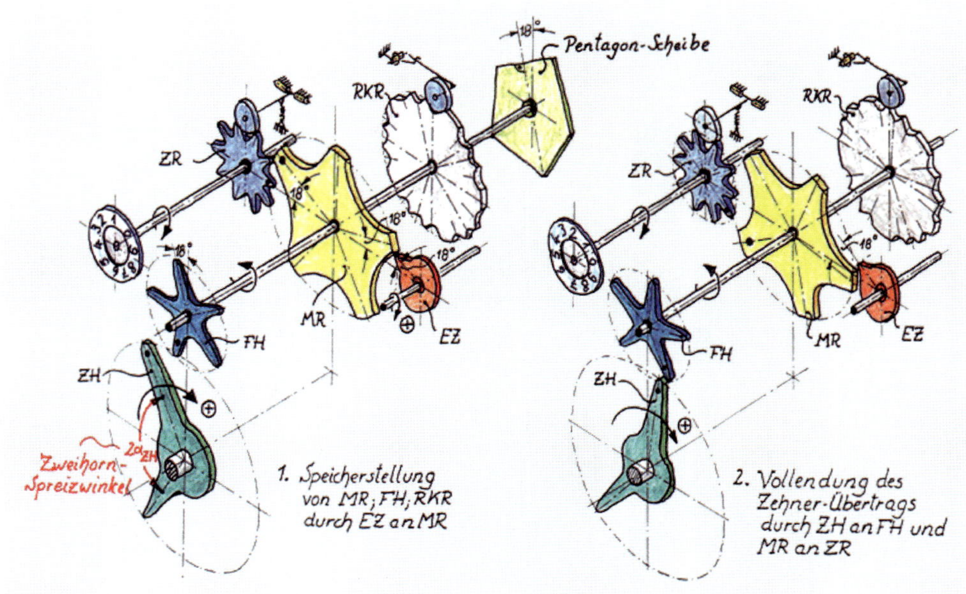

16 *Leibniz' große Vier-Spezies-Rechenmaschine, Ansicht von unten. Man erkennt unten die Staffelwalzen mit verschieden langen Zähnen und oben den Antrieb mit der Magna-Rota-Kurbel sowie die Verteilung des Antriebsmomentes auf zwei Wellen mit Hilfe von drei großen Zahnrädern, GWLB Hannover*

17 *Zweistufiger Zehnerübertrag in Leibniz' Vier-Spezies-Rechenmaschine, perspektivische Darstellung; links: 1. Stufe des Zehnerübertrags durch Drehung des Muldenrades MR durch den Einzahn EZ; rechts: 2. Stufe durch Drehen des Fünfhorns durch das Zweihorn und hierdurch des nächst linken Zählrades durch das Muldenrad, Zeichnung von F. O. Kopp*

Infolge der Drehung des Muldenrads gerät das um 18° vorgedrehte Fünfhorn in den Flugkreis des Zweihorns, das sich zwischen jeweils zwei Staffelwalzen im Eingabeschlitten befindet. Hierdurch wird bei einer 360°-Drehung der Antriebskurbel das Fünfhorn und somit auch das Muldenrad um weitere 54°, also insgesamt 18°+54°=72°=360°/5 gedreht.

Beim 2. Teil des Übertrags nimmt das Muldenrad das Zählrad der nächst linken Stelle als Zehnerübertrag mit, aber nicht um die gewünschten 36° (einer Dezimalstelle), sondern nur um 21,5°; es fehlen also 14,5°. Dies wird „nachgeholt" durch das Rastkerbenrad auf gleicher Welle, auf dessen eine Flanke eine gefederte Rolle drückt und so die restliche Drehung um 14,5° bewirkt. Auch über dem Zählrad selbst sitzt eine gefederte Rolle, welche ebenfalls die volle 36°-Drehung unterstützt.

Eine wichtige Erfindung innerhalb des Zehnerübertrags ist der mechanische Verstärker. Dieser besteht darin, dass nach dem Einleiten des Zehnerübertrags durch den Einzahn der Hauptteil von 54° mittels des Zweihorns wieder durch den

Systematische Darstellung dualer Zahlen und Medallienentwürfe
in Leibniz` Neujahrsbrief vom 2.(12.) Jan. 1697 an Herzog Rudolph August zu Braunschweig und Lüneburg in Wolfenbüttel

Text oben: Nil praeter unum in omnibus
Text unten: Unum autem necessarium

„Omnibus ex nihilo ducendis sufficit unum"
Um alles aus dem Nichts zu machen, genügt eins

18 *Hannoverscher Nachbau der Leibnizschen großen Rechenmaschine im vergrößerten Maßstab mit geringen Korrekturen zur Erzielung vollständiger Zehnerüberträge; Entwurf K. Popp† und E. Stein, Konstruktion F. O. Kopp, Bau F. O. Kopp und J. Anton, 2005 , Leibniz-Ausstellung der Leibniz Universität Hannover*

19 *Links : Das Leibnizsche binäre Zahlensystem im Neujahresbrief an Herzog Rudolf August in Wolfenbüttel vom 2. Januar 1679, GWLB Hannover A I, 13 N. 75 und N. 76, sowie rechts: Entwurf einer Medaille mit den Regeln für die vier Grundrechenarten und Bezügen zur Metaphysik, GWLB Hannover Bl. 25 recto in L Br. II, 15*

Primärantrieb mit der Kurbel erfolgt. Damit verringert sich bei vielen Eingabe- und Resultatstellen die Fehleranfälligkeit infolge ungenauer Fertigung.

Von großer Bedeutung ist, dass Leibniz' Zweihörner gleiche Öffnungswinkel von 90° haben, sodass alle Zehnerüberträge zur gleichen Zeit erfolgen. Hierdurch unterbleiben Überträge über mehr als zwei Stellen, und man erhält zum Beispiel 999 999 + 1 = 990 000 anstelle des richtigen Ergebnisses 1 000 000. Leibniz wusste dies und ließ an den verlängerten Wellen von Fünfhörnern, Mulden- und Rastkerbenrädern außerhalb der Maschine Pentagonscheiben anbringen, die sich bei nicht erfolgten Zehnerüberträgen deutlich sichtbar um 18° drehen.

Es gibt zwei Möglichkeiten dies zu „heilen": Die erste Variante kannte Leibniz wahrscheinlich selbst; sie wurde von Klaus Badur bei dessen authentischem Nachbau der Leibnizmaschine im Jahre 2004 angewendet; man stellt die eingegebene Zahl auf Null und dreht die Magna-Rota-Kurbel „im Leerlauf" solange um volle Umdrehungen weiter, bis alle Pentagonscheiben wieder in ihrer Ausgangstellungen sind.

Die zweite Möglichkeit beruht zunächst auf den Untersuchungen von Nikolaus J. Lehmann (1921 bis 1998), Dresden, in den 1980er Jahren. Eine Voraussetzung für vollständige Zehnerüberträge bei paralleler Zahleneingabe ist die Abnahme der Spreizwinkel der Zweihörner von rechts nach links, bei Lehmann um etwa 35° pro Stelle, was ein zeitliches Hintereinander der Zehnerüberträge von rechts nach links zur Folge hat. Der Maximalwinkel (rechts) und der Minimalwinkel (links) sollten zahlenmäßig gleich sein, und sie müssen deutlich kleiner als 180° sein, was noch erläutert wird.

Nach unseren Forschungen seit den 1990er Jahren in Hannover sind aber auch damit vollständige Zehnerüberträge nicht möglich, wie wir anhand von Rechnungen mit einem Lehmannschen Nachbau feststellen konnten. Dies führte zu unserem so weit wie möglich authentischen Nachbau – jedoch mit notwendigen Korrekturen – im Maßstab 2:1 mit sechs Eingabe- und zwölf Resultatstellen sowie einer Zählwerkstelle, finanziell unterstützt durch ein Forschungsprojekt der Deutschen Forschungsgemeinschaft von 2003 bis 2006, Bild 18. Hierin wurden durch eine konstruktiv-rechnerische Optimierung und eine mathematische

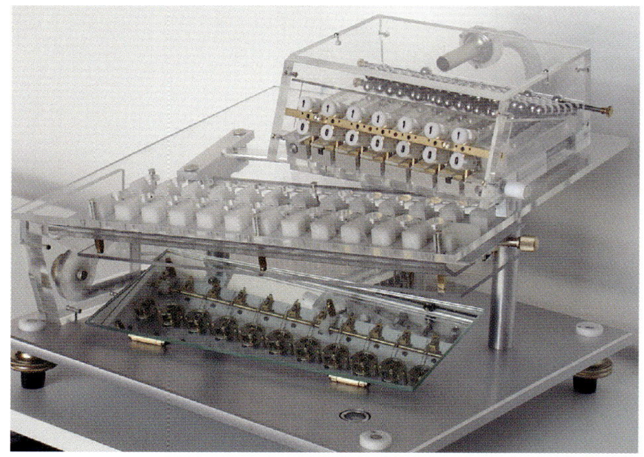

20 *Binäre Zwei-Spezies-Rechenmaschine mit ablaufenden Kugeln, Entwurf von Ludolf von Mackensen 1968, nach Leibniz' Beschreibung von 1679, gebaut vom Deutschen Museum München 1972 Foto des verbesserten Nachbaus in Kassel 1985 durch L. von Mackensen*

21 *Binäre Zwei-Spezies-Rechenmaschine mit ablaufenden Kugeln nach Leibniz' Beschreibung von 1679, Entwurf E. Stein und G. Weber 2004, Konstruktion und Bau G. Weber, 2005, Leibniz-Ausstellung der Leibniz Universität Hannover*

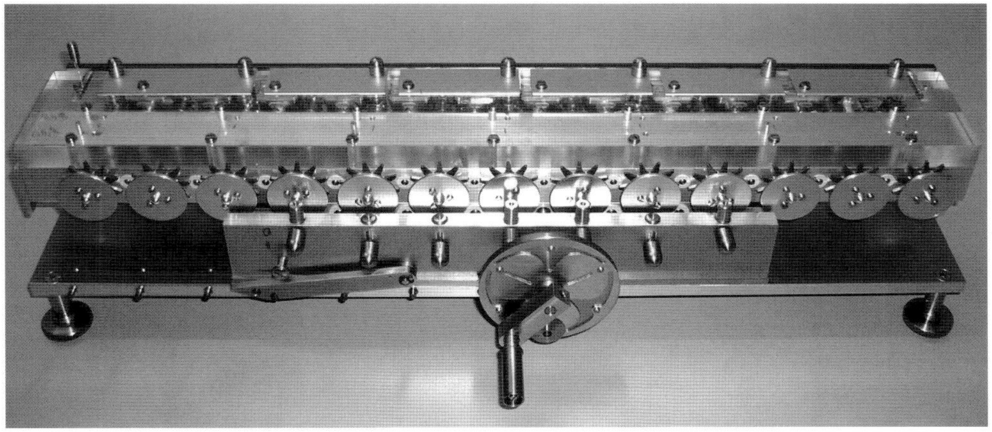

22 *Hannoversche binäre Vier-Spezies-Getriebe-Rechenmaschine in Verallgemeinerung der Leibnizschen dezimalen Vier-Spezies-Rechenmaschine auf beliebige Zahlenbasen; Entwurf F. O. Kopp und E. Stein 2006, Konstruktion F. O. Kopp, Bau F. O. Kopp und J. Anton, 2008, Leibniz-Ausstellung der Leibniz Universität Hannover*

Mehrzieloptimierung anhand eines erstmals erstellten mathematischen Modells der Leibnizschen Konstruktion Probleme und Grenzen dieser Maschine ergründet. Wesentliche Ergebnisse sind: (1) der Teilungswinkel der Staffelwalzen darf nicht 22,5° sondern sollte ≤ 21° betragen, d. h. der Gesamtwinkel für die neun Zähne soll nicht 180° sondern nur 168°, und (2) bei abnehmenden Zweihorn-Winkeln sind nur acht Eingabestellen möglich. In der Leibnizschen Konstruktion (ohne abnehmende Zweihorn-Winkel) sind hingegen theoretisch beliebig viele Stellen möglich, was jedoch praktisch begrenzt ist.

Im 17. Jahrhundert und in der Folgezeit bis in die Mitte des 19. Jahrhundert hatten die mechanischen Rechenmaschinen noch keine strategische Bedeutung in Wissenschaft, Industrie und Gesellschaft. Im 18. Jahrhundert erfolgten jedoch bereits bemerkenswerte Weiterentwicklungen der Leibnizschen Maschinen, insbesondere von Philip Matthäus Hahn ab 1770, der eine Vier-Spezies-Rechenmaschine mit Staffelwalzen in kreiszylindrischer Bauweise und axialer Magna-Rota-Kurbel in sehr kompakter Bauweise schuf, eine Vorläuferin der berühmten Curta aus dem 20. Jahrhundert. Auch Johann Christoph Schuster baute von 1805 bis 1822 zwei innovative, auch handwerklich beeindruckende Maschinen in Anlehnung an Hahn.

Ab 1870 wurden manuell und elektrisch angetriebene Tisch-Rechenmaschinen mit Sprossenrädern oder Staffelwalzen in vielen westlichen Ländern industriell produziert, z. B. die „Mercedes", die „Archimedes" und die „Madas".

Die Leibnizsche Originalmaschine wurde im 18. Jahrhundert mit Defekten zur Reparatur an die Universität Göttingen geschickt, wo sie nach der Überlieferung einmal aus dem Fenster fiel und zeitweise vergessen wurde. Wieder zurück in Hannover wurde sie von 1894 bis 1896 zur Restaurierung an den Zivil-Ingenieur Arthur Burkhardt, Braunschweig, geschickt, der aber viele Bauteile – insgesamt sind es etwa 950 – austauschte.

Heute hat diese Maschine – vor allem durch unsachgemäße Handhabungen – Beschädigungen und Funktionsdefekte.

Die Leibnizsche Dyadik und Beschreibung einer binären Zwei-Spezies- Rechenmaschine

Leibniz sah sich in seinem Neujahrsbrief vom Januar 1697 an Herzog Rudolf August in Wolfenbüttel als Erfinder des binären Zahlensystems, also mit den dualen Zahlen 0 und 1, das er in der berühmten Dreiecksform zusammen mit den Rechenregeln für die vier Grundrechenarten mitteilte, Bild 19. In seinem großartigen Ausspruch „omnibus ex nihilo ducendis sufficit unum" (Um alles aus dem Nichts herzuleiten genügt eins) versteht er dieses System als ein Sinnbild für Gottes Schöpfung der Welt aus dem Nichts.

Er konnte nicht wissen, dass der englische Mathematiker, Physiker und Astronom Thomas Harriot (1560 bis 1621) bereits umfangreiche Studien über verschiedene Zahlenbasen und deren Umrechnung gemacht hatte, die allerdings nicht zu seinen Lebzeiten, sondern erst viel später im 20. Jahrhundert veröffentlicht wurden.

Bemerkenswert ist, dass Leibniz bereits 1679 handschriftlich in dem lateinischen Text „De Progressione Dyadica" eine binäre Rechenmaschine für Addition und Multiplikation, die „machina arithmeticae dyadicae" beschrieb. Anstelle des Getriebes der Dezimalmaschine rollen hierbei kleine Metallkugeln infolge der Schwerkraft auf einer zweifach schiefen Ebene aus dem nach vorne und unten verschobenen Schlitten (der „Büchse") mit dem binären Eingabewerk in das feststehende Rechen- und Ergebniswerk mit den wichtigen Zweierüberträgen. Diese Maschine hat also die gleichen beiden Hauptbaugruppen und damit auch die gleiche Rechenlogik wie die dezimale Getriebemaschine.

Hiernach entwarf Ludolf von Mackensen in seiner Münchener Dissertation von 1968 eine binäre Rechenmaschine, die 1972 vom Deutschen Museum in München mit sieben Eingabe-, zwölf Resultat- und sechs Zählwerkstellen gebaut wurde, Bild 20, im Jahre 1985 leicht verbessert auch im Hessischen Landesmuseum Kassel.

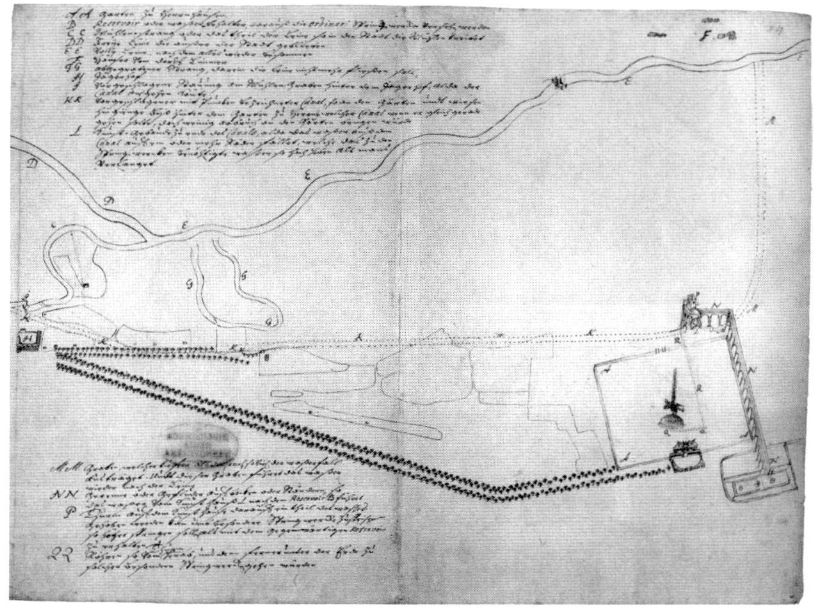

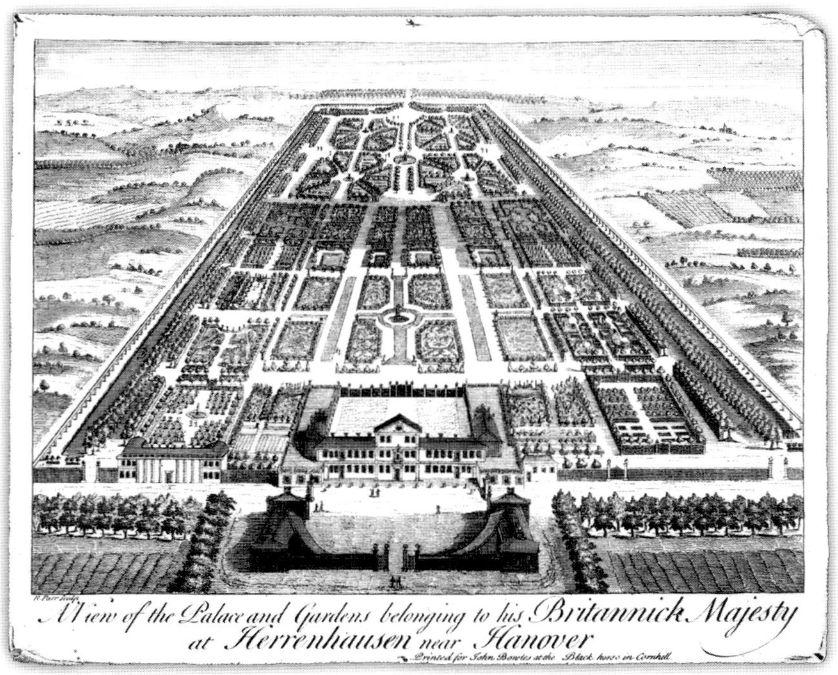

23 Hier in Graustufen dargestellter colorierter Kupferstich der Herrenhäuser Gärten von N. Parr von 1745 (nach einem Stich von 1714). Historisches Museum Hannover (siehe auch vorderer Buchinnendeckel)

24 Leibniz' Plan von 1696 für verbesserte Wasserkünste und eine neue große Fontäne für die Herrenhäuser Gärten; Beschriftung von einem Schreiber . Hannover, Gottfried Wilhelm Leibniz Bibliothek, Ms XXIII, 734, Bl. 24

Die Zweierüberträge dieser Maschine arbeiten nicht zuverlässig, und außerdem kommt es zu Staus zwischen abrollenden Kugeln aus dem Einstellwerk und aus den Zweierüberträgen, die aber wegen des Holzgehäuses nicht sichtbar sind.

Daher wurde von Erwin Stein und Gerhard Weber in den Jahren 2004/05 eine wesentlich verbesserte binäre Maschine mit Acrylgehäuse und neu konstruierten Zweierüberträgen konzipiert und gebaut, worin winkelförmige Fangarme mit Drehfedern und Anschlägen verwendet werden, welche die Kugeln bei Zweierüberträgen sicher in die jeweils nächste Stelle umleiten, Bild 21. Die Kollision von Kugeln wurde durch eine gefederte Rasterung des Schlittenablaufs und die Optimierung der zweifach schiefen Ebene vermieden. Auch diese binäre Maschine gehört zu unserer Leibniz-Ausstellung.

Binäre Vier-Spezies-Getriebe-Rechenmaschine im Sinne von Leibniz von Franz Otto Kopp und Erwin Stein

Bereits im Jahre 2005 erkannten F. O. Kopp und der Autor, dass die genialen Konstruktionsprinzipien der Leibnizschen dezimalen Vier-Spezies-Getriebe-Maschinen auch in eine binäre Getriebe-Maschine übersetzbar sind, ja sogar auf solche mit theoretisch beliebigen Zahlenbasen, also z. B. acht oder zwölf. Mit der im Jahre 2008 gebauten binären Rechenmaschine im Leibnizschen Sinne, Bild 22, mit sieben Eingabe-, zwölf Resultat- und sechs Zählwerkstellen lassen sich alle vier Grundrechenarten durch 360°-Drehungen der Magna-Rota-Kurbel und axiales Verschieben des Schlittens problemlos durchführen. Gegenüber der Dezimalmaschine sind die Zahnräder für die Zahleneingabe und die Ergebnisse nach der Formel $z = B \times r$, (Zahl der Zähne = Zahlenbasis x Zahl der Wiederholungen) zu ersetzen. Für $z = 10$ und $B = 10$ (Dezimalsystem) ergibt sich $r = 1$, d.h. jede Ziffer kommt einmal vor. Für die Zahlenbasis 2 ($B = 2$) und $z = 10$ ergibt sich $r = 5$, d. h. die Ziffern 0 und 1 erscheinen fünf Mal auf dem Umfang. Weiterhin ist dann der Einzahn durch einen Fünfzahn zu ersetzen.

Eine Staffelwalze nimmt nur die Werte 0 oder 1 an, so dass pro Stelle ein vertikaler Bolzen in den Stellungen 0 oder 1 für die Zahleneingabe genügt.

Wie zu Beginn erwähnt, sind Leibniz' logische und praktische Konzepte für neuartige Rechenmaschinen sehr weitreichend. Sie belegen den von ihm selbst

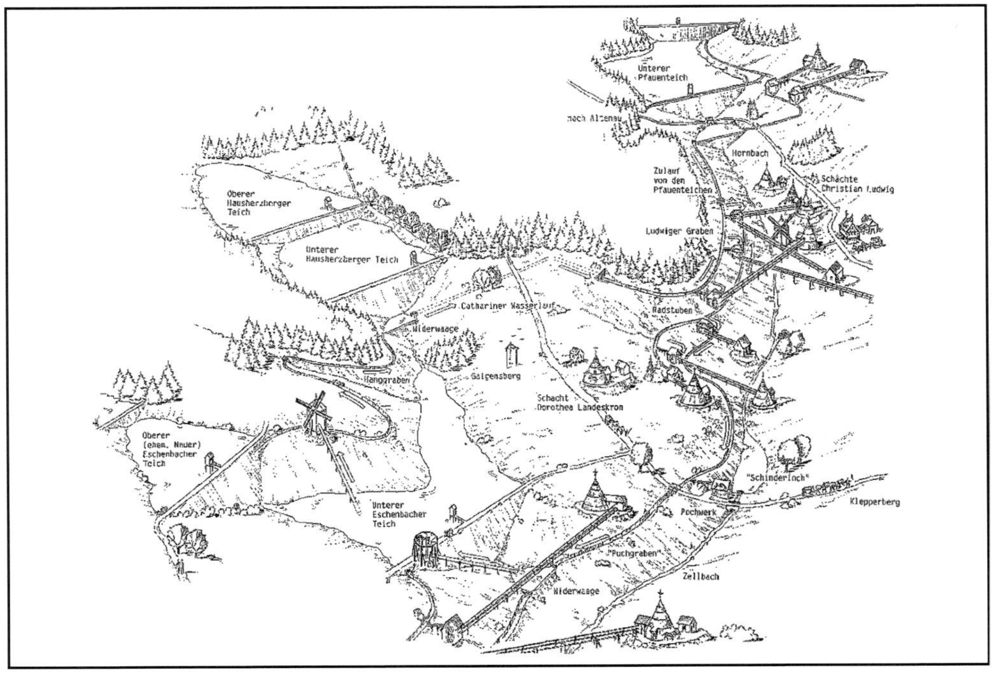

25 *Wasserkreislauf im Harzer Wasserregal, Leibnizsche Vorschläge zu dessen Verbesserungen mit Hilfe von vertikalen und horizontalen Windkünsten (siehe auch hinterer Buchinnendeckel)*

in einem Brief von 1685-87 an Herzog Ernst August erhobenen Anspruch, dass es ihm in seiner „ars inveniendi" nicht um einzelne Erfindungen geht, sondern um eine Methodik für ganze Systeme, aus denen sehr viele verschiedenartige Lösungen möglich sind.

Pläne für die verbesserte Wasserversorgung der Wasserspiele und eine neue große Fontäne in den Herrenhäuser Gärten

Im Frühjahr 1696 erhielt Leibniz auf Vorschlag von Kurfürstin Sophie den Auftrag von Kurfürst Ernst August, einen Plan für üppigere Wasserspiele mit erhöhtem Druck und größerer Wassermenge sowie für eine neue, große Fontäne in den Herrenhäuser Gärten zu erstellen. Seit der Anlage des quadratischen Parterres im Garten von 1674 bis 1687 durch den Hofgärtner Henri Perronet wurden die unzureichende Wasserzufuhr und die geringe Dauer der Wasserspiele bemängelt. Die vor 1696 vorgelegten Pläne der französischen Garten- und Fontänenarchitekten Cadart und Denis ließen sich nicht verwirklichen, Bild 23.

Leibniz legte seine Pläne Mitte des Jahres 1696 vor. Der weitergehende Plan lautete: (1) Die Anlage eines südlich des Jägerhofs von der Leine abzweigenden, in gerader Linie zu den Herrenhäuser Gärten führenden und in der Nähe des Dorfes Limmer wieder in den Fluss mündenden Stichkanals; und (2) der Bau einer „Wasserkunst" (eines Pump- und Schöpfwerkes) am Anfang des Stichkanals und zusätzlich eines Wehres mit Schleuse zum Aufstauen der Leine. Nach Leibniz' Plan läuft das Wasser aus dem Stichkanal in das auf gleicher Höhe liegende Becken der Wasserkunst. Ein vom Wasser des Stichkanals angetriebenes Wasserrad mit 10 m Durchmesser treibt vier Pumpen an, hiervon zwei für das Heben des Wassers in ein Becken in 12 m Höhe, von wo es über ein Aquädukt, ein „Gefluder", zum großen Wasserbecken im Westen der Gärten geleitet wird. Zwei weitere Pumpen heben einen Teil des Wassers in einen Behälter mit angeschlossenem Windkessel im Turm der Wasserkunst in 18 m Höhe. Hierin wird der Wasserdruck durch Kompression der Luft so erhöht, dass die neue Fontäne mit drei direkten Zuleitungen eine fast konstante Höhe von 35 m erreichen sollte, Bild 24.

Zu Leibniz' Lebenszeit wurden nur das Wehr und ein Schöpfrad in der Leine gebaut. Die eigentliche Wasserkunst und die große Fontäne wurden erst nach seinem Tod von 1717 bis 1720 von englischen Ingenieuren im Prinzip nach Leibniz' Plänen gebaut, allerdings mit fünf parallel angeordneten Wasserrädern und vierzig Pumpen mit Kehrschlössern.

26 *Vertikalwindkunst mit Tandem-Kolbenpumpe und Pumpengestänge, Modellbauer P. Stromeyer, 1979, Historisches Museum Hannover*

Technische Verbesserungen im Oberharzer Bergbau

Im Jahr 2010 wurde das „Oberharzer Wasserregal" zur Wasser- und damit zur Energieversorgung für den Oberharzer Erzbergbau durch ein System

von Stauteichen, Stollen, Gräben, Schächten und Wasserrädern, entwickelt seit dem 16. Jahrhundert, zum UNESCO-Weltkulturerbe erklärt. Nach mehr als 300 Jahren erfahren damit auch bedeutende technische Erfindungen des genialen Gottfried Wilhelm Leibniz eine weltweite Würdigung.

Leibniz' Überzeugung, dass praktische Erfindungen mit neuen wissenschaftlichen Erkenntnissen einhergehen sollen, fand besonders in seinen Bemühungen um technische Verbesserungen im Oberharzer Bergbau ihren Niederschlag.

Von 1678 bis 1685 und dann nochmals von 1693 bis 1695 war er im Auftrag der Herzöge von Hannover in zwei Bereichen tätig: Das Hauptproblem der Erzförderung im Sommer bestand im Wassermangel zum Betreiben der Pumpen für die Entwässerung der Erzstollen in bis zu 800 m Tiefe. Ein bereits vorhandenes, sehr geschickt angelegtes System von kleinen Teichen und vielen verbindenden Gräben und Gerinnen zur Verteilung des Regen- und Schmelzwassers auf die Wasserräder reichte nicht zur Entwässerung der Stollen aus, Bild 25. Leibniz durfte 1680 über der Grube St. Catharina in 200 m Meereshöhe mit ungünstigen Windverhältnissen eine Vertikalwindkunst (Bockmühle holländischer Bauart) mit mindestens vierzehn Pumpensätzen bauen, Bild 26. Hiermit waren – je nach Windstärke – Förderhöhen bis zu 30 m möglich. Bemerkenswert ist, das er in seinem Bestreben, die Wasser- und Windenergie durch Einsatz neuer Techniken

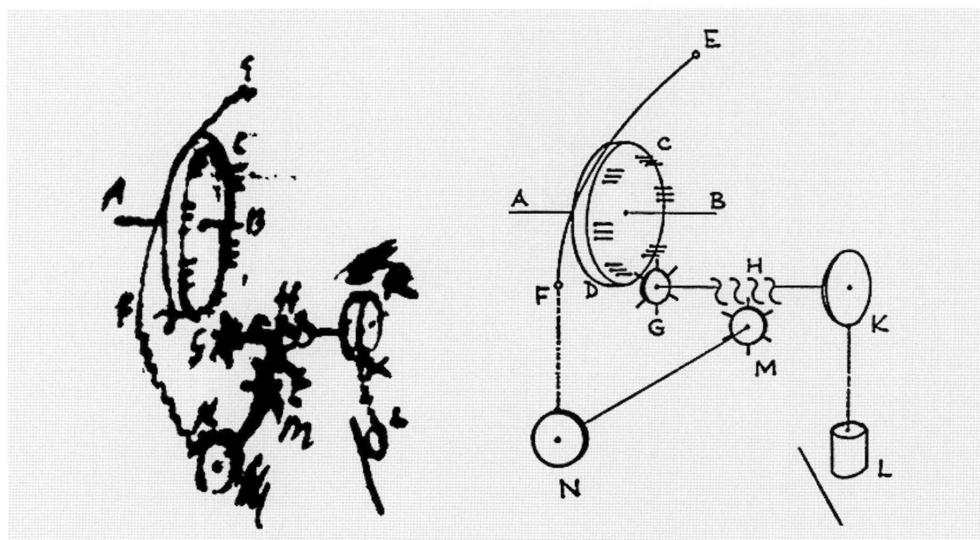

27 Funktionsmodell einer drehzahlgeregelten Bremsvorrichtung für Vertikalwindkünste, Modellbauer K. Ludewig, 1990, Leibniz-Ausstellung der Leibniz Universität Hannover

28 Skizzen einer drehzahlgeregelten Bremsvorrichtung für Vertikalwindkünste; Skizze eines „inventum memorabile" von Leibniz' Hand 1686, links: Transkription, rechts: Nachzeichnung von H. P. Münzenmayer in Studia Leibnitiana VIII, 1976, S. 115, 114

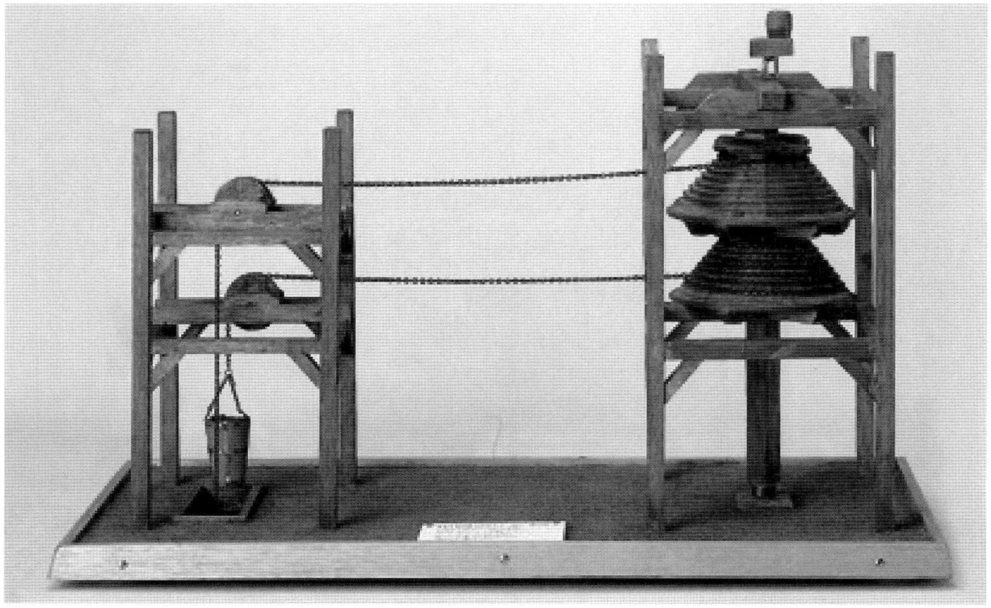

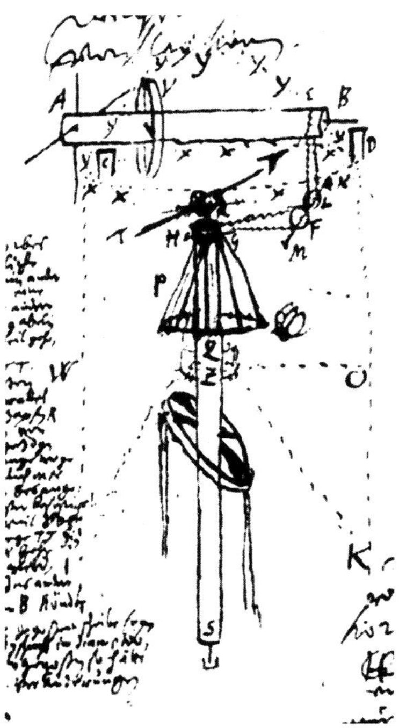

optimal, als „Wasser und Wind in Conjunction" (im Zusammenwirken) zu nutzen, das System der Speicherteiche und deren regelbare Zu- und Abflüsse zu optimieren versuchte, um die Erzförderung ganzjährig zu ermöglichen.

Sehr interessant ist die Leibnizsche Erfindung einer drehzahlgeregelten Bremsvorrichtung für Vertikalwindkünste, Bilder 27, 28, um Schäden bei starken Winden abzuwenden. Diese Erfindung wird bis heute mit vielfältigen Varianten verwendet.

Für die Leibniz-Ausstellungen wurde erstmals ein Funktionsmodell hierzu gebaut, Bild 27. Mit dem großen Antriebsrad (hinter dem Windflügel) wird ein Zahnrad (rechts unten) angetrieben, auf dessen Welle (im Bild unten rechts) ein weiteres Rad angetrieben wird, auf das mittels eines hochzuziehenden Gewichtes ein Gegenmoment ausgeübt wird. Bei kleiner Drehzahl des Windflügels kann das Bremsrad stets wieder durch das hochgezogene Gewicht zurückgedreht werden, aber bei größerer Drehzahl wird die Bremswirkung kontinuierlich stärker und zusätzlich eine Bandbremse aktiviert.

Als ein zweites wichtiges Betätigungsfeld erkannte Leibniz die Entwicklung neuer kräfte- und energiesparender Anlagen zur Erzförderung mit Hilfe von Förderkörben und Ketten, die in der Regel über Seilrollen durch zwei hintereinander im Göpel (im Kreis) laufende Pferde hochgezogen wurden. Sein Ziel war, unter Beachtung der Kettengewichte das Momentengleichgewicht der Kettenkräfte des gefüllten und des leeren Korbes zu erzielen, so dass die Pferde stets mit der gleichen Kraft ziehen mussten. Dies erreichte Leibniz auf zweierlei Weise mit Hilfe des Hebelgesetzes von Archimedes, nämlich Last x Lastarm = Kraft x Kraftarm.

Die erste geniale Lösung verwendet zwei übereinander angeordnete konische Seiltrommeln, wobei die Kette zum gefüllten Korb am kleinen Radius der unteren Trommel und die Kette zum leeren Korb am großen Radius der oberen Trommel zieht, Bild 29.

29 *Konische Seiltrommeln für den Momentenausgleich bei der Erzförderung; oben: Funktionsmodell, Modellbauer K. Ludewig, 1990, Leibniz-Ausstellung der Leibniz Universität Hannover; unten: Entwurfsskizze von Leibniz, 1685, GWLB Hannover LH XXXVIII, Bl. 68*

Diese Erfindung fand vielfältige Anwendungen. Bei einer Variante, der Bobine, werden zwei zylindrische Trommeln mit unterschiedlicher Breite verwendet. Die Kette zum gefüllten Korb zieht an der breiten Trommel und die zum leeren Korb an der schmalen; dort ergeben sich schnell große Radien, während sich beim gefüllten Korb relativ kleine Radien durch das Aufwickeln einstellen.

Während seiner zweiten Tätigkeitsperiode im Oberharzer Bergbau entwarf Leibniz noch eine hochkomplexe, integrierte wassergetriebene Förderanlage für Wasser und Erz, die aber über Experimente vor Ort nicht hinauskam, Bild 30. Ihre Funktionsweise ist wie folgt: Die verlängerte Achse eines oberschlächtigen Wasserrades (rechts im Bild) ist verkröpft, als krummer Zapfen bezeichnet. Damit wird aus der Drehbewegung die Hin- und Herbewegung eines Feldgestänges (in Bildmitte) erzielt, das mittels einer Verzweigung eine Kolbenpumpe für die Stollenentwässerung antreibt (im Bild links nach hinten verlaufend).

Das Besondere an der neuen Treibkunst ist die Rückführung der Hin- und Herbewegung des Feldgestänges in Drehbewegungen eines Antriebsrades und von zwei hiermit axial verbundenen zylindrischen Seiltrommeln zum Heben und Senken von Erzkörben. Am unteren linken Ende des Feldgestänges wird hiermit eine dort befestigte Schubstange hin und her bewegt und damit das darüberliegende Antriebsrad in gegenläufige Drehungen gebracht. Hierfür wird ein das Antriebsrad umschlingendes Seil verwendet, das an den beiden Enden der Schubstange befestigt ist. Die Mitnahme der Fördertrommeln durch das Antriebsrad erfolgt durch umschaltbare Klinken, die in sägezahnförmige Rasten einhaken und so die Fördertrommeln stückweise drehen. Dies geschieht jeweils mit einem Ruck, weil die Klinken bei endlichen Winkelgeschwindigkeiten einrasten. Durch diesen dynamischen Effekt ergaben sich vergrößerte Zugkräfte in den Förderketten, z. B. um den Faktor 2 bis 4, wodurch diese bei Versuchen rissen. Bemerkenswert ist noch der Umschaltmechanismus der Klinken, womit die Richtungsumkehr der Fördertrommeln und damit des Hebens und Senkens der Körbe möglich war.

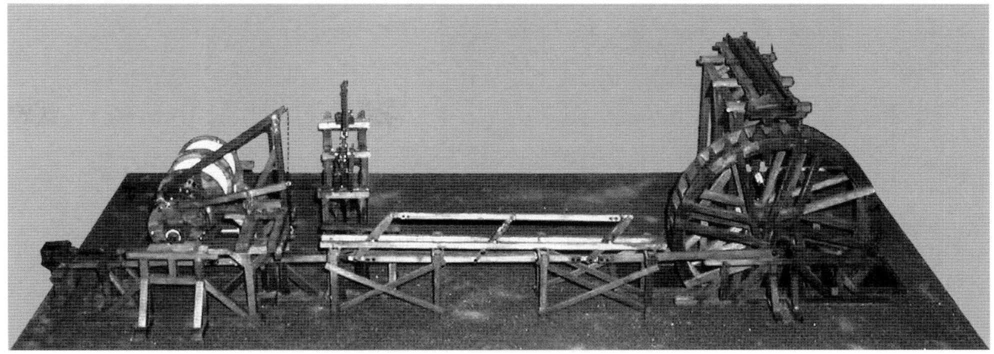

30 Funktionsmodell der Leibnizschen neuen Treibkunst aus seiner zweiten Tätigkeitsperiode im Harz von 1693-1695, Modellbauer K. Ludewig, 2002, Leibniz-Ausstellung der Leibniz Universität Hannover

Leibniz' technische Erfindungen und Verbesserungen im Oberharzer Bergbau waren zu seiner Zeit nicht durch praktische Erfolge gekrönt, was viele technische, administrative und soziale Gründe hatte. Die Verwirklichung seiner Ideen scheiterte einerseits oft an geeigneten Werkstoffen und deren Festigkeiten sowie handwerklichen Herstellungsschwierigkeiten mit Toleranzproblemen und andererseits an der Akzeptanz seiner neuen Techniken durch die Berghauptleute und die Grubenarbeiter, die sich auch um ihre Arbeitsplätze sorgten.

Wie bei vielen anderen Erfindungen ging es Leibniz eben hauptsächlich um grundlegend neue, möglichst weitreichende prinzipielle Fortschritte, wobei die Durchführbarkeit oft zu kurz kam.

Erwin Stein

Den Lord verschmäht, die Sterne gefunden

Caroline Herschel – ein hannoversches Multitalent

Hätte sie noch zwei Jahre länger gelebt, sie wäre hundert geworden – für die damalige Zeit ein wahrhaft astronomisches Alter. Wer sich als Leser dieser späten Laudatio auf die außergewöhnliche Hannoveranerin ein wenig geduldet, wird alsbald verstehen, warum das Adjektiv „astronomisch" in doppelter Hinsicht passend ist. Auf dem Gartenfriedhof in Hannover hat sie ihre letzte Ruhe gefunden. Der schlichte Grabstein trägt die Inschrift: „Hier ruht die irdische Hülle von Caroline Herschel, geboren zu Hannover den 16. März 1750, gestorben den 9. Januar 1848".

Carolines Vater Isaak war leidenschaftlich der Musik verbunden. Als Oboist im Musikkorps des Hannoverschen Garderegiments galt er als angesehener Bürger der Stadt. Dennoch hatte Isaak Herschel so seine liebe Not, die immerhin zwölfköpfige Familie zu ernähren. 1755 war Caroline eines von zehn Kindern. Zur Zeit der französischen Besetzung Hannovers im Siebenjährigen Krieg besuchte sie die Garnisonsschule und parallel eine Strickschule, denn selbstverständlich gehörte es zu ihren häuslichen Pflichten, für ihre sechs Brüder die Strümpfe zu stricken.

31 *Fernglas mit Kasten, diversen Linsen und Notizen*

32 *Wilhelm Herschel mit Schwester Caroline in London*

Vater Isaaks musikalisches Talent vererbte sich auf die komplette Kinderschar. Alle Söhne wurden Musiker, auch also Carolines Bruder Wilhelm, der alsbald nach England übersiedelte, um dort sein Brot zu verdienen. Als Komponist, Organist und Chorleiter brachte er es im vornehmen Seebad Bath zu großem Ansehen. Neben seinem musikalischen Talent aber hatte Wilhelm noch ein anderes Interesse vom Vater geerbt: den unbändigen Wunsch, mit Augen und Verstand in die Tiefen des Universums vorzustoßen. 1772 folgte ihm Caroline nach England. Unter Anleitung des Bruders lernte sie englisch, französisch und Mathematik, führte den Haushalt, trat als Sängerin auf und schrieb Noten – unter anderem die Stimmen für ein 100-Mann-Orchester, die Singstimmen aus den Partituren der Händelschen Oratorien „Messias", „Samson" und „Judas Maccabäus".

In Wirklichkeit aber lebte Caroline Herschel nur für ihren Lieblingsbruder Wilhelm, der sich inzwischen William nannte. Und als der seinen Neigungen nachgab und sich seit 1782 ausschließlich der Astronomie widmete, gab auch Caroline die Musik auf. Zum einen fehlte ihr ohne den Bruder als Begleitung der Mut zum öffentlichen Auftritt als Sopranistin, zum anderen faszinierte auch sie die Astronomie inzwischen mehr als die Musik. So wurde sie Assistentin ihres Bruders, der alsbald als Königlicher Astronom im Dienst der Krone stand. Die Hannoveranerin half beim Schleifen der Spiegel, beim Bau der Teleskope und war verantwortlich für die akribischen Aufzeichnungen der Himmelsbeobachtungen. Caroline und William, ein „eingespieltes Team", das sich am selbst konstruierten Teleskop in sternklaren Nächten ablöste und am Tag darauf die Beobachtungen auswertete.

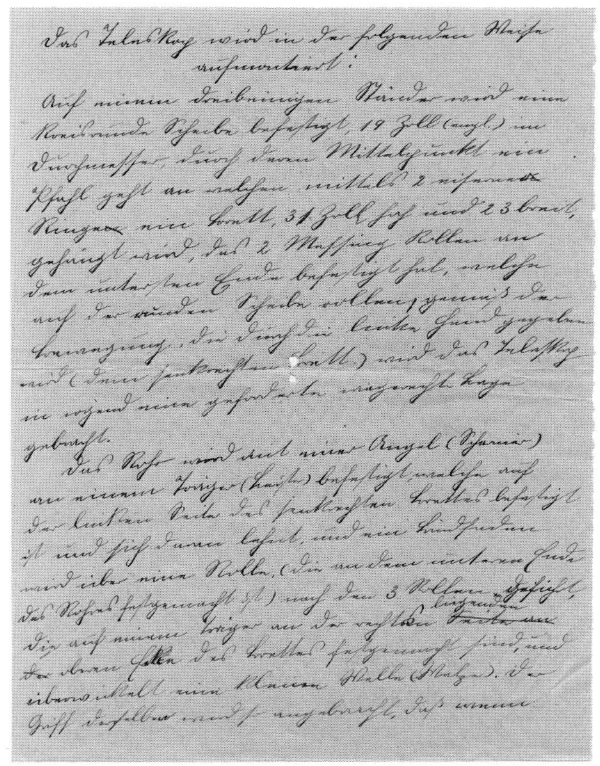

33 Portrait von Caroline Herschel im Alter von 55 Jahren

34 Handschriftliches von Caroline Herschel

Nachdem die Geschwister den Planeten Uranus (wieder)-entdeckt hatten, kamen sie in England zu einigem Ruhm. Fünf Planeten kannte die Welt seit Jahrhunderten, jetzt schien sich das Weltall ins Grenzenlose zu erweitern. (Caroline und William Herschel wussten wie alle anderen Menschen damals nicht viel von den Kulturen vor Beginn der Zeitrechnung, die bereits Kenntnis vom Uranus und dem noch weiter entfernten Planeten Neptun hatten. Das Wissen darum war in Vergessenheit geraten, und den Herschels aus Hannover ist zu verdanken, dass es erneut freigelegt werden konnte.)

Für Caroline war der 1. August 1786 der bedeutsamste Tag in der Zeit ihres astronomischen Wirkens. Sie entdeckte ihren ersten Kometen. Davon war der englische König Georg III so beeindruckt, dass er ihr, als Assistentin ihres Bruders, fortan ein Jahresgehalt von 50 Pfund Sterling aussetzte. Die Geschwister tasteten sich Nacht für Nacht weiter vor, bis an die Grenzen unseres Sonnensystems und darüber hinaus. Bis 1897 entdeckte Caroline noch sieben weitere Kometen, obgleich hier angemerkt werden muss, dass einige der Schweifsterne zu früheren Zeiten schon einmal bekannt waren, was sich aber erst sehr viel später, lange nach dem Tod der Geschwister, herausstellte. Unbestritten aber ist der hohe wissenschaftliche Wert der Katalogisierungen der Entdeckungen und Zusammenhänge. Als Caroline, das „Fräulein

35 *Caroline Herschel mit Umlaufbahnenskizze, gezeichnet ein Jahr vor ihrem Tod*

Herschel", eines nachts einen Nebelfleck durch das Teleskop sah, da glaubte sie, mit ihren Augen die Grenzen des Alls erreicht zu haben. „Wo kein Hauch mehr weht und der Markstein der Schöpfung steht", wie der junge Friedrich Schiller in denselben Jahren schrieb.

Auf der Höhe ihres Ruhmes wurde Caroline von einem herben Schicksalsschlag getroffen. Denn als 1822 ihr Bruder Wilhelm starb, fühlte sie sich aller Schaffenskraft beraubt, gab ihr Haus in England auf und kehrte nach 50-jähriger Abwesenheit von Deutschland für den Rest ihres langen Lebens nach Hannover zurück. Sie wohnte in der Marktstraße 11 fortan bei ihrem Bruder Dietrich, einem hannoverschen Hofmusikus – in stiller Zurückgezogenheit. Doch einsam war sie nicht. Kein Mann von wissenschaftlicher Bedeutung, dessen Weg durch Hannover führte, ließ es sich nehmen, die kleine alte Dame aufzusuchen. Die Astronomen Gauß und Mädler waren u. a. bei ihr zu Gast, und noch an ihrem 96sten Geburtstag erhielt sie durch Vermittlung des Universalgelehrten Alexander von Humboldt die „Goldene Medaille" aus der Hand des Königs von Preußen. Das war damals eine überaus hohe Auszeichnung für jene Caroline Herschel, die Jahre zuvor auf der Höhe ihres Ruhmes in England die Hand eines Lords ausschlug; in einer Zeit, da die Frau nur als Ehefrau etwas galt und eine unverheiratete Dame, die das 30. Lebensjahr überschritten hatte, sich ungestraft als „alte Jungfer" titulieren lassen musste.

GUNTER HARTUNG

36 Das Teleskop von Caroline Herschel
37 Grabplatte von Caroline Herschel

Geschliffen zum Weltunternehmen

Die VSM, Vereinigte Schmirgel- und Maschinenbau-Fabriken AG – die bewegte Geschichte des Industrieunternehmens seit 1864

Zwei unternehmungslustige Männer ließen sich zu Beginn der 1860er Jahre in einem kleinen Dorf nördlich der königlichen Haupt- und Residenzstadt Hannover nieder. Sie kamen aus Derenburg, einem Dorf bei Magdeburg. Der ältere der beiden, Siegmund Oppenheim, hatte in seiner alten Heimat Erfahrung mit der Technik des Schleifens gesammelt. Sein Schwager, Siegmund Seeligmann, war gelernter Kaufmann. Als sie zusammen eine eigene Firma gründeten, war Siegmund Oppenheim gerade einmal 25 Jahre alt, sein Schwager Seeligmann sogar drei Jahre jünger.

An der Landstraße nach Engelbostel in Hainholz stand ein für die damalige Zeit moderner, kleiner Industriebetrieb. Mit Dampf fertigte ein Namensvetter,

Julius Seeligmann, dort vermutlich schon seit den 1850er Jahren des 19. Jahrhunderts Schleifmittel für das Handwerk und auch die Industrie, um glatte Oberflächen zu erzeugen. Es war ein mit Mineralien beschichtetes Papier, das zum Schmirgeln diente.

38 Erster Produktionsraum, 1864

39 S. Seeligmann, Begründer der Firma S. Oppenheim & Co., von 1898 bis 1910 Direktor der Firma: Vereinigte Schmirgel- und Maschinen-Fabriken AG, vormals S. Oppenheim & Co. und Schlesinger & Co., Hannover

In Hainholz gab es wie in anderen Vororten Hannovers zu der Zeit bereits mehrere Fabriken. Ob in Linden, der List oder in Döhren: überall hatten sich Unternehmer angesiedelt, die die Residenzstadt nicht auf ihrem Gebiet haben wollte. Eine Allianz vom König bis zu den überkommenen Zünften wollte die rauchende Nachbarschaft nicht in der Stadt haben. Vor allem war den hannoverschen Bürgern wie auch ihrem Herrscher, die sich neu heranbildende Schicht der Fabrikarbeiter suspekt. So wird überliefert, dass bei Westwind der hannoversche König im Leineschloss seinen Bediensteten befahl, alle Fenster zu verschließen, um von der Lindener Nachbarschaft nichts zu riechen.

Woher auch immer die Schwäger Oppenheim und Seeligmann das Kapital hatten, ist nicht bekannt, doch es musste gereicht haben, um Julius Seeligmann seine Dampf-Schmirgel-Mühle abzukaufen. Am 28. Mai 1864 wurde der Kaufvertrag unterzeichnet. An die Kundschaft des Vorbesitzers richteten Oppenheim und Seeligmann folgendes Schreiben: „Ich beehre mich Ihnen hierdurch ganz ergebendst mitzuteilen, dass ich die bisher von Herrn Julius Seeligmann hierselbst innegehabte Dampf-Schmirgel-Mühle mit allem Zubehör laut Kaufcontract käuflich übernommen habe und dieselbe unter der Firma S. Oppenheim & Co. in derselben Weise wie früher fortführen werde". So Siegmund Oppenheim, der gemeinsam mit seinem Schwager, als Prokurist der neuen Firma, unterschrieb.

Damit war der Grundstein für ein bis heute weltweit operierendes Unternehmen der Schleifmittelindustrie gelegt worden. In den Anfangsjahrzehnten der Firma erwies sich die Kombination der beruflichen Ausrichtung und Fähigkeiten der

40 S. Oppenheim, Begründer der Firma S. Oppenheim & Co., Vorsitzender des Aufsichtsrats der Firma: Vereinigte Schmirgel- und Maschinen-Fabriken AG, vormals S. Oppenheim & Co. und Schlesinger & Co., Hannover

41 Erstes Fabrikgebäude mit Kraftbetrieb, 1875

beiden Schwäger und Firmengründer als ideal. Dieses Zusammenspiel reichte bis gegen Ende des Jahrhunderts, als zu den beiden ein dritter Unternehmer aus der Branche, der Harburger Heinrich Steinle, stieß. Die drei waren schon längere Zeit befreundet, Steinle besaß in Harburg die Schleifmittelfabrik Schlesinger & Co. Sie wurde 1898 von den dreien mit dem Hainhölzer Unternehmen zur Vereinigte Schmirgel- und Maschinen-Fabriken Actien-Gesellschaft, vormals S. Oppenheim & Co. und Schlesinger & Co. zusammengefügt. Zu den drei Gründern gehörte auch der 33-jährige Sohn von Siegmund Oppenheim, Max. Den Vorstand des neuen Unternehmens bildeten Heinrich Steinle und Siegmund Seeligmann. Als Seeligmann 1910 starb, folgte ihm Max Oppenheim in den Vorstand. Sein Vater war mit der Gründung der VSM in den Aufsichtsrat gewechselt, dem er vorstand. Zugleich verlegte er seinen Wohnsitz von Hainholz nach Berlin. Er starb 1915, während des Ersten Weltkrieges. Aus den Gründerfamilien blieb nur noch Max Oppenheim aktiv tätig. Er war bis 1929 im Vorstand der VSM und wechselte dann in den Aufsichtsrat, dem er bis 1932 angehörte. In der Zeit des Nazi-Regimes bekam auch Max Oppenheim, der in Hannover wohnen blieb, immer stärker die Repressalien gegen Juden zu spüren. Von einer Deportation blieb er zunächst nur deshalb ver-

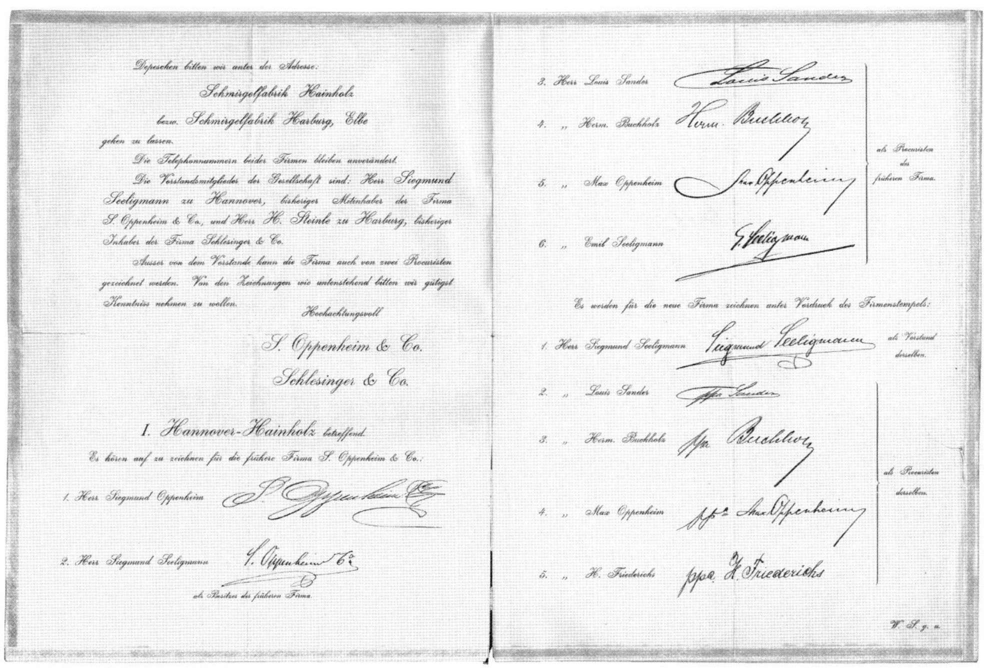

Depeschen bitten wir unter der Adresse:

Schmirgelfabrik Hainholz

bezw. Schmirgelfabrik Harburg, Elbe

gehen zu lassen.

Die Telephonnummern beider Firmen bleiben unverändert.

Die Vorstandsmitglieder der Gesellschaft sind: Herr Siegmund Seeligmann zu Hannover, bisheriger Mitinhaber der Firma S. Oppenheim & Co., und Herr H. Steinle zu Harburg, bisheriger Inhaber der Firma Schlesinger & Co.

Ausser von dem Vorstande kann die Firma auch von zwei Procuristen gezeichnet werden. Von den Zeichnungen wie untenstehend bitten wir gütigst Kenntniss nehmen zu wollen.

Hochachtungsvoll

S. Oppenheim & Co.

Schlesinger & Co.

1. Hannover-Hainholz betreffend.

Es hören auf zu zeichnen für die frühere Firma S. Oppenheim & Co.:

1. Herr Siegmund Oppenheim

2. Herr Siegmund Seeligmann

als Besitzer der früheren Firma.

3. Herr Louis Sander

4. „ Herm. Buchholz

5. „ Max Oppenheim

6. „ Emil Seeligmann

als Procuristen der früheren Firma.

Es werden für die neue Firma zeichnen unter Vordruck des Firmenstempels:

1. Herr Siegmund Seeligmann — als Vorstand derselben.

2. „ Louis Sander

3. „ Herm. Buchholz

4. „ Max Oppenheim

5. „ H. Friederichs

als Procuristen derselben.

W. S. g. a.

42 Gründungsurkunde der VSM AG, 1898

43 Feuerwehrübung an der Siegmundstraße, 1905

Kurz vor Ausbruch des Ersten Weltkriegs, am 30. Mai 1914, konnte in der Fabrik in Hainholz das erste runde Jubiläum gefeiert werden: 50 Jahre Schleifmittel aus Hainholz. Bei dem Festakt konnten die Firmenchefs sich nicht nur selbst kräftig auf die Schultern klopfen, sie erfuhren auch öffentliche Anerkennung. So sagte der damalige Stadtsyndikus von Hannover, Dr. Weber: Wir nehmen an Ihrer heutigen Jubelfeier lebhaften Anteil und geben dem Wunsch Ausdruck, dass Ihre Firma, deren segensreiche Bedeutung für unsere Stadt wir wohl zu würdigen wissen, auch in Zukunft sich stetiger, immer wachsender Erfolge erfreuen möge.

In diesen ersten fünf Jahrzehnten war in der Tat aus den kleinsten Anfängen ein inzwischen international tätiger Hersteller gewachsen. Das ging nicht ohne holprige Wegstrecken ab. Der schwerste Zwischenfall war ein Brand. In der Nacht zum 25. Juni 1884 zerstörte ein Feuer einen erheblichen Teil der Hainhölzer Fabrikanlage. Siegmund Seeligmann, der in der Nachbarschaft in der Schulenburger Landstraße 134 wohnte, wurde in dieser Nacht durch das anhaltende

schont, weil seine Frau Dorothea keine Jüdin war. Doch von den verschärften Maßnahmen des NSDAP-Gauleiters von Hannover, Hartmann Lauterbacher, wurde auch Oppenheim betroffen. Er musste 1941 in eines der so genannten Judenhäuser in der Stadt übersiedeln und von dort kam er in das Arbeitslager Lahde, wo er im September 1943 im Alter von 78 Jahren starb.

Von den Mitbegründern der VSM blieb einzig Heinrich Steinle bis in den Zweiten Weltkrieg hinein dem Unternehmen verbunden. Von 1913 bis 1940 war er Mitglied des Aufsichtsrates.

44 Kornmühle, 1910

45 Glasmühle, 1910

Geheul einer Dampfpfeife geweckt. Von den nahe gelegenen Eisenbahnanlagen waren die Bewohner derartige Töne zwar gewohnt, doch da das Geheul nicht aufhören wollte, schaute Seeligmann auf die Straße und wurde von einem Passanten sofort darauf angesprochen, die Schmirgelfabrik brenne.

Das Dorf Hainholz war zu diesem Zeitpunkt noch nicht an das Wasserleitungsnetz der Stadt Hannover angeschlossen. So stand nur aus einem einzigen Brunnen der Freiwilligen Feuerwehr Wasser zur Bekämpfung zur Verfügung. Dennoch gelang es, den Schaden zu begrenzen. Der verheerende Schaden, der die maschinelle Produktion von Schleifmitteln, die inzwischen die Handarbeit abgelöst hatte, über mehrere Monate lahmlegte, hatte auch sein Gutes: Für den Wiederaufbau konnte der Maschinenpark auf den neuesten Stand der Technik gebracht werden.

Die Firmengründer Oppenheim und Seeligmann waren nicht nur bemüht, technisch ständig den neuesten Stand zu halten, sie erkannten auch frühzeitig die Vorteile eines guten Marketings, wie heute gesagt würde. Nachdem 1875 im Deutschen Reich das Reichsmarkenschutzgesetz in Kraft getreten war, überlegte man sich in Hainholz auch, für die natürlichen Schleifmittel eine einprägsame Bildmarke zu kreieren. Die Suche nach einem Markenzeichen wurde in der unmittelbaren Umgebung des Werkes fündig. Rund um Hainholz gab es noch ausgedehnte Wälder. In diesen Wäldern tummelten sich Scharen von Hirschkäfern. Der Hirschkäfer wurde fortan die Bildmarke von Oppenheim & Co., und auch nachdem die VSM gegründet worden war, setzte man beim Vertrieb bis in die Zeit nach dem Zweiten Weltkrieg darauf. Erst Mitte der 1950er Jahre wurde der Hirschkäfer durch das neue Markenzeichen Vitex abgelöst.

Ein schlimmer Einschnitt in die Firmenentwicklung ereignete sich im Zweiten Weltkrieg. Durch

46 *Das VSM Werksgelände in Hannover-Hainholz, 1910*

47 *Glaspap:er Blattrückseite, 1925*

installiert werden konnten. Das allerdings erforderte erhebliche Investitionen.

Technisch hatten sich in der Schleifmittelindustrie seit dem Ausgang des 19. Jahrhunderts tiefgreifende Neuerungen ergeben. Die Gründer des Unternehmens hatten in den Anfangsjahren wie ihre Konkurrenten fast ausschließlich auf natürliche Rohstoffe für die Schleifmittel gesetzt. Dazu gehörten gemahlenes Glas aus den unterschiedlichen Gegenden sowie Flintstein. Später kam ein hartes Gestein hinzu, dessen Aufbereitung anfänglich erhebliche Schwierigkeiten bereitete. Nach deren Überwindung setzte sich Schmirgel durch. Er stammte aus Abbaugebieten in Kleinasien, so von der griechischen Insel Naxos, sowie

die alliierten Luftangriffe auf Hannover und Umgebung wurden die neben den ausgedehnten Gleisanlagen der Deutschen Reichsbahn gelegenen Fabrikgebäude der VSM noch kurz vor Kriegsende im März 1945 zu 85 Prozent zerstört. Mit einem Gesamtschaden von 4 Millionen Reichsmark war VSM in der deutschen Schleifmittelindustrie die am stärksten betroffene Firma.

Unmittelbar nach dem Ende des Krieges setzten die Arbeiten zum Wiederanfahren der Produktion ein. Der Vorteil der Zerstörungen war, dass die modernsten Fertigungsanlagen gekauft und

48 50-jährige „Jubelfeier" im Kaisersaal des Kriegerheims, 1914

49 Werkstor mit Lieferwagen, 1935

aus Madagaskar. In großen Brocken wurde Schmirgel nach Hainholz geliefert. Da die Qualität des Schmirgels aus Kleinasien für die Fabrik überaus wichtig war, reiste Seeligmann mehrfach in die Abbaugebiete, um sich an Ort und Stelle von dem Qualitätsstandard zu überzeugen. Seit den 1930er Jahren des vergangenen Jahrhunderts sind die Naturmaterialien durch künstliches Schleifkorn ersetzt worden. So wird statt des natürlichen Korunds ein künstlich hergestellter so genannter Elektrokorund angewendet. Auch die Festigung des Korns auf dem Trägermaterial hat sich geändert. Nachdem über einen langen Zeitraum Hautleim als Bindung zwischen Träger und Korn genutzt wurde, folgte darauf Kunstharz als Bindemittel. Die heute ausschließlich verwendeten künstlichen Grundstoffe werden auf den Trägerbändern fixiert.

Der hohe Stand der Technik ist in der Industrie heute ein Muss für jedes Unternehmen, das sich am Markt behaupten will. Die Kunden der Schleifmittelindustrie setzen diesen Standard bei jedem Anbieter voraus. Umso wichtiger sind in der harten Konkurrenzsituation andere Faktoren. Frühzeitig in der Firmengeschichte waren die Gründer bemüht, nicht nur qualitätvolle Ware herzustellen, sondern sie auch möglichst breit auf dem Markt anzubieten. Die Gründer erkannten eine Besonderheit des deutschen Marktes, der weitgehend auf Produkte mit englischer Bezeichnung ausgerichtet war. Daher benutzten auch die Hainhölzer fortan englische Schleifmittelbezeichnungen und sagten Glass Paper.

Seeligmann und Oppenheim blickten schon zum Ende des 19. Jahrhunderts über die Grenzen des Deutschen Reiches hinaus. So wurde 1890

50 *Zerstörtes Werk, 1945 – Blick aus Verwaltung die Siegmundstraße entlang nach Westen mit Kornbetrieb, Kesselhaus und Ostflügel Appretur*

51 *Markenzeichen im Wandel der Zeit – Anfang des 20. Jahrhunderts über die 1950er bis heute*

in London ein Tochterunternehmen ins Leben gerufen. Es wurde als Feindvermögen im Ersten Weltkrieg beschlagnahmt. Nach dem Zweiten Weltkrieg setzte man die Tradition in Milton Keynes, Großbritannien, fort. Die Bedeutung der ausländischen Märkte und der immer weiter wachsende Anteil des Exports am Gesamtgeschäft führten dazu, auf den wichtigsten Märkten mit Tochtergesellschaften vertreten zu sein. In Tochterunternehmen an gegenwärtig 10 Standorten wird die aus Hannover angelieferte Rollenware konfektioniert und vertrieben.

Das führte zu Firmengründungen oder Beteiligungen sowohl in Übersee als auch in Europa. Gleich nach dem Zusammenbruch des Ostblocks fasste VSM in Ungarn Fuß. Hier beteiligte man sich 1992 mit 51 Prozent an der Duna Papierfabrik, dem einzigen Schleifmittelhersteller des Landes; das Unternehmen wurde in Duna Vitex GmbH umbenannt. Seit 1994 ist das Unternehmen zu 100 Prozent im Besitz der VSM AG.

Nicht zuletzt die Erkenntnis der Bedeutung von Vertrieb und Marketing und deren nachhaltigem Ausbau hat VSM zu seiner heutigen Bedeutung verholfen. Es rangiert in der Spitzengruppe der fünf weltweit bedeutendsten Anbieter der Branche. Zu dem Erfolgsrezept gehört, jederzeit jeden Kunden nicht nur zuverlässig mit der für ihn richtigen Ware zu beliefern, sondern vor allem auch in der schnellstmöglichen Zeit. Ein Gleichklang von hoher Qualität, Zuverlässig- und Schnelligkeit führte zu einer weltweiten Kundenbindung. Das Beibehalten dieser Firmenpolitik sichert in Hainholz die Arbeitsplätze von 360 Mitarbeitern und insgesamt im Unternehmen von 700. Knapp 150 Jahre nach seiner Gründung kann sich VSM daher trotz etlicher Rückschläge auf einem weiterhin Erfolg versprechenden Kurs in die Zukunft sehen. Ein Ausdruck dafür ist die Erweiterung des Firmengeländes in Hainholz 2008 um 21.000 m² auf nun insgesamt 75.000 m².

Dieter Tasch

52 Blick auf den Neubau Kornbetrieb, 2002

53 Verwaltungsgebäude mit Parkplatz, 2004

Die Meistermacher vom alten Flughafen

Volkswagen – wer jetzt nur an Golf und Co. denkt, macht einen Denkfehler. Denn der Wolfsburger Autoriese versieht das Kapitel Motorsport mit einem Sieg nach dem anderen mit einem immer größeren Ausrufezeichen. Das Herz dieses Engagements liegt nicht in Wolfsburg, sondern in Hannover. Verborgen hinter hohen Mauern entsteht im Norden Hannovers das, was auf und abseits der Rennstrecken die Konkurrenz das Fürchten lehrt. Ein Hausbesuch.

Im Norden von Hannover, dort wo einst Karl Jatho seine ersten Luftsprünge mit seinem Motordrachen unternahm, ist auch heute der Erfindergeist zu Hause. Versteckt hinter hohen Betonmauern schlägt das motorsportliche Herz

von Volkswagen. Ausgegliedert in das eigenständige Unternehmen Volkswagen Motorsport entsteht hier das, was beispielsweise in den vergangenen drei Jahren der Konkurrenz bei der Dakar ziemlich lässig die Rücklichter zeigte. Die Rede ist natürlich vom Race Touareg. Der düpierte in seiner dritten Evolutionsstufe in diesem Jahr die Konkurrenz und sicherte VW nicht nur den dritten Gesamtsieg bei der Dakar in Folge. Der Wüstenrenner bescherte dem Automobilkonzern sogar einen Dreifachsieg und erreichte einen Vorsprung gegenüber dem viertplatzierten ersten Nicht-VW von einer Stunde, 43 Minuten und 48 Sekunden.

Am Steuer auf den letzten Metern zum Ziel in Buenos Aires saß zu diesem Zeitpunkt übrigens nicht Fahrer Nasser Al Attiyah, sondern Beifahrer Timo Gottschalk. Al-Attiyah hatte es sich auf dem Dach des blauen Boliden aus Hannover bequem gemacht und genoss den Triumphmarsch „seines" Race Touareg durch die

54 Race Touareg auf dem Gipfel – einer Sanddüne

55 „Baukasten" eines Race Touaregs – ermöglicht den schnellen Austausch von Karosserieteilen

56 Zuschauer, selbst mitten im Dschungel

Red Bull

Massen der motorsportbegeisterten Argentinier sichtlich. Und Grund zur Freude hatten beide. Denn bei der wilden Hatz vom Pazifik zum Atlantik und wieder zurück hatten Pilot und Co-Pilot gut 9.600 Kilometer Strecke on- und vor allem offroad hinter sich. Eine Extrembelastung für Mensch und Maschine.

Die Rallye Dakar gilt als die härteste Belastungsprobe im Motorsport überhaupt. „Klassische" Rallyeanforderungen wechseln sich mit dem weichen Sand der Atacama Wüste ab, einem der trockensten Landstriche der Welt. Spektakuläre Wasserdurchfahrten mit Gebirgsabschnitten wie der San-Francisco-Passhöhe zwischen Chile und Argentinien, die mit 4.748 Metern nur unwesentlich niedriger ist als der höchste Berg der Alpen.

Doch kein Hindernis brachte den fast schon beängstigend zuverlässig arbeitenden Rennwagen aus Hannover jemals ernsthaft in Bedrängnis. Der Race Touareg III meisterte Etappe um Etappe mit solchem Gleichmut, wie ein herkömmlicher Golf den Wochenendeinkauf beim Supermarkt um die Ecke über sich ergehen lässt.

Natürlich hat der Race-Touareg mit seinem Namensvetter aus der Serie in erster Linie den Namen gemeinsam. Gegenüber dem Serienfahr-

57 Servicetruck für die Rallye Dakar

58 Race Touareg in der hannoverschen „Meisterschmiede"

zeug ist die Rennversion breiter und flacher. Das Cockpit ist dem eines Flugzeugs ebenbürtig: Die breite Mittelkonsole ist übersät mit Schaltern. Vor dem Beifahrersitz thronen mehrere Bildschirme, über die Gottschalk die wichtigsten Eckdaten des Autos im Blick hat. Angezeigt werden hier auch die zurückgelegten Kilometer, was für ihn als Navigator entscheidend ist, erläutert Stefan Moser, Kommunikationschef von VW-Motorsport, beim Rundgang durch die an ein Labor erinnernde Werkstatt. Weiße Wände, gepflegtes graues Linoleum, weiße Hebebühnen, aufgeräumte Arbeitsplätze. Unter einem der Touaregs diskutieren zwei Mechaniker über letzte Details der Luftzufuhr an den Dämpfern des linken Vorderrades. Details, die auf der Strecke immer wieder den entscheidenden Vorsprung bringen.

„Motorsport ist Mannschaftssport", stellt Moser klar. „Darum packen wir zum Beispiel Weihnachten alle unsere Sachen und fliegen gemeinsam schon für die Startvorbereitungen nach Argentinien." Während der „Dakar" begleiten die Mechaniker, die die Autos in Hannover aufgebaut haben, auch den Renntross durch die Wüste. Da die Strecke die Teilnehmer durch wirklich entlegene Regionen führt, fallen die „Werkzeugkästen" naturgemäß etwas größer aus: Die stehen bei VW auf grobstolligen Rädern und sind haushoch. Auf dem Begleit-Lkw führt das Team

59 Wie im Flugzeug: Race Touareg Cockpit
60 Der Race Touareg kommt bei der Dakar überall durch

Ein Blick in die Geschichte

Volkswagen engagiert sich seit 1966 im Motorsport. Seinerzeit gründete VW die Formel V, eine Einstiegsserie in den Formelsport. Mehrere spätere Formel-1-Weltmeister wie Keke Rosberg und Niki Lauda gingen in der auf Käfertechnik basierenden Serie an den Start. Das „V" stand natürlich für VW.

Später stattete VW Motorsport die Formel 3 mit Motoren aus. Zwischen 1979 bis 1994 errang der Automobilkonzern als Formel-3-Motorhersteller 55 internationale Titel, darunter sieben in Deutschland.

Der Rallyesport zieht sich seit den 1970er Jahren durch die Geschichte von VW Motorsport. Ein Erfolgsgarant dabei war der Golf. Kenneth Eriksson gewann damit 1986 die Gruppe A der Weltmeisterschaft. In diese Fußstapfen soll nun der Polo treten.

Auch die Siegesserie bei den zurückliegenden drei Auflagen der Rallye Dakar sind keineswegs eine Premiere für die Wolfsburger. Bereits 1980 holte Freddy Kottulinsky den ersten Sieg auf der Marathon-Distanz. Unterwegs war der in München geborene Wahlschwede in einem VW Iltis.

jedes nur erdenkliche Ersatzteil fein säuberlich nummeriert mit durch die Wüste. „Unter dem Strich absolvieren die Begleiter und Techniker die gleiche Strecke wie die Rennwagen". Nur dass die Techniker im Zweifel auch noch nachts im Biwak ranmüssen, wenn auf der Etappe an den Rennwagen etwas zu Bruch geht.

Doch damit ist es nun vorbei. Nach dem dritten Gesamtsieg der Dakar bereiten sich die Mannen um Volkswagen-Motorsportchef Kris Nissen auf eine neue Herausforderung vor: Die WRC-Rallye-Weltmeisterschaft. Dort tritt VW ab 2013 mit einem entsprechend dem Klassement aufgebauten Polo an. Und das Klassement spielt Volkswagen

61 *Sieger bei der 2. Rallye Oasis de Paris á Dakar, 1980, VW Iltis mit Freddy Kottulinsky und Gerd Löffelmann*

62 *Jubelnde Zuschauermassen und Begrüßungsbanner in jedem Ort an der Strecke der Dakar*

derzeit in die Hand. Denn das „passt ideal zur Philosophie von Volkswagen bei der Entwicklung von Serienfahrzeugen. Downsizing, Zuverlässigkeit und hohe Effizienz stehen bei unseren Kunden an oberster Stelle", sagt Nissen.

Durchgeplant ist das neue Engagement von Volkswagen Motorsport zunächst bis 2015. Keinen Zweifel lässt Nissen an den Zielen seiner Mannschaft: „Im Motorsport wie in allen anderen Sportarten kann nur ein Sieg das Ziel sein. Wir wollen sicher in absehbarer Zeit um den Titel mitfahren und ihn auch gewinnen. Haben Sie bitte Verständnis, wenn wir heute noch keinen genauen Termin für den ersten Titel nennen können", stapelte Nissen bei der Vorstellung des Engagements kürzlich in Olbia tief. Schaut man nämlich in die inzwischen mehr als 45-jährige Geschichte von Volkswagen Motorsport zurück und führt sich gleichzeitig die Pläne der Wolfsburger Mutter vor Augen, weltgrößter Automobilbauer werden zu wollen, wird schnell klar, dass hinter Nissens Aussage sehr wohl ein klarer Zeitplan steckt, an dessen Ende ein weiteres Stück ausgesprochen erfolgreicher Motorsportgeschichte aus Hannover stehen dürfte.

Torsten Hamacher

63 Das Siegerteam – Timo Gottschalk, Kris Nissen und Nasser Al Attiyah (v.l.n.r.)

64 Präsentation des VW Polo R für die zukünftige Teilnahme an der WRC Rallye-Weltmeisterschaft

Pelikan – Die elegante Art des Schreibens

Das Statussymbol liegt gut in der Hand. Seit einem Menschenalter ist unter dem Kürzel Füller ein Schreibgerät entwickelt worden, das nicht zuletzt von Hannover aus seinen Siegeszug um die ganze Welt angetreten hat. Gerade im Zeitalter des digitalen Schreibens hat der Füllfederhalter als Ausdruck eleganten und individuellen Schreibens eine Renaissance erfahren.

Alles begann im Ersten Weltkrieg. Damals hatte ein ungarischer Ingenieur, Theodor Kovács, darüber nachgedacht, wie man die seit dem Ende des 19. Jahrhunderts gefertigten Federhalter mit Tintenfüllung verbessern konnte. Sein Ziel war es, ohne zu klecksen und ohne ständig die Feder in ein Tintenfass eintauchen zu müssen, kontinuierlich schreiben zu können.

Geschrieben wurde bereits seit mehr als 2.500 Jahren. In den frühen Anfängen wurden Schriftzeichen mit einem Griffel in Ton geritzt. Bis heute sind Tontafeln und ihre Scherben auch Schatzkammern in Archive und Zeugen der frühen Menschheitskultur. Weiterhin wurden entweder die Schriftzeichen in Stein gemeißelt oder, ebenfalls schon sehr früh, mit Pinseln und Tusche auf Seide, Papyrus oder Pergament aufgetragen. Im Mittelalter wurde in Europa wahrscheinlich von Mönchen herausgefunden, dass sich auch mit dem Kiel von Gänsefedern eine Pergament- oder Papierseite gut lesbar und nachhaltig beschriften ließ. Der Gänsekiel bleib über Jahrhunderte das individuelle Gerät des relativ geringen Teils der Menschheit, die des Schreibens kundig war. Erst zu Beginn des 19. Jahrhunderts gab es den ersten, allerdings bereits erheblichen Fortschritt. Die Stahlfeder wurde eingeführt, die man wesentlich länger am Stück benutzen konnte. Der große Nachteil des Gänsekiels war damit überwunden – man brauchte nicht mehr ständig neu anzuspitzen.

Ein anderer Nachteil blieb. Die Stahlfeder allein nutzte nichts. Gebraucht wurde weiterhin ein Tintenfass, in das die Stahlfeder häufig nach jedem halben Satz neu eingetaucht werden musste. Selbst

65 Die Gründer der Firma Günther Wagner: Carl Hornemann, Günther Wagner und Fritz Beindorff

66 Die Fabrik in Hannover auf dem Grundstück Engelbosteler Damm 67 um 1870

geübte Schreiber konnten Tintenklexe nicht völlig vermeiden.

Solche lästigen Begleiterscheinungen, die den Gedankenfluss unterbrachen und störten, führten in der zweiten Hälfte des 19. Jahrhunderts zu Überlegungen, nicht nur die Technik der Feder, sondern des Halters insgesamt auf einen besseren Stand zu bringen. Der erste Schritt war, die Tinte nicht mehr direkt aus dem Fass zu holen, sondern sie im Schaft des Halters unterzubringen, von wo sie auf die Feder floss. Über verschiedene für die Anwender nicht sonderlich angenehme Stufen kamen die Tüftler schließlich zu einem so genannten Sicherheitshalter. Er stellte die direkte Vorstufe zum heutigen Füllfederhalter dar. Die Kunst war es, möglichst viel Tinte in dem Schaft des Halters so einzufüllen, das weder beim Füllen noch beim Verschließen und Tragen des Halters

67 Zeichnung des Werkes nach der Erweiterung, um 1913

68 Blick auf den Eingang zur Fabrik von der Podbielskistraße, um 1906

und auch schließlich beim Schreiben die Hände des Schreibers oder die Umgebung oder beides mit Tinte befleckt wurden. Einer der frühen berühmten Benutzer dieser Füllfederhalter war Mark Twain. Auch ihn leiteten ganz praktische Erwägungen, den Füller zu benutzen. Der Überlieferung zufolge soll er geäußert haben: Der rollt nicht vom Tisch.

Das Deutsche Reichspatent, das 1923 dem ungarischen Ingenieur Kovács erteilt wurde, legte praktisch den Grundstein zur Entwicklung vieler Generationen technisch perfekter Füllfederhalter. Die alte hannoversche Firma für Bürobedarf und Schreibgeräte, Günther Wagner, erwarb 1927 die Rechte an der Nutzung dieses Patents.

In der ersten Hälfte des 19. Jahrhunderts gründete der Kupferstecher, Farbenhändler und Chemiker Carl Hornemann in Hannover erst am Knappenort und dann am Engelbosteler Damm seinen Familienbetrieb. Als 1863, noch zu Zeiten des Hannoverschen Königs Georgs V., der Chemiker Günther Wagner als Werksführer in das Unternehmen eintrat, waren in der Fabrik sechzehn Mitarbeiter beschäftigt. Nur acht Jahre später übernahm Wagner bereits die Firma. Von da an folgte ein stetiger Ausbau der Produkte, der Produktionsstätten und nach heutigen Begriffen des

69 Eine Legende ist geboren, der Pelikan Füllfederhalter

70 Gemälde der historischen Werksansicht mit Tram und Pferdedroschken, 1906

Vertriebs des in Hannover und bald darauf auch in Österreich hergestellten Sortiments.

Zehn Jahre später, 1881, war es ein Fritz Beindorff, der vor allem das Auslandsgeschäft des Unternehmens bis in den Orient hinein voran brachte. Der dynamische junge Kaufmann wurde 1895 alleini-

71 Verkaufsaufsteller für Pelikan Tinten

72 Blick in den Tinten- und Klebstoff-Keller

73 Im hauseigenen Labor wurden und werden alle Produkte geprüft und weiter entwickelt ger Inhaber. Günther Wagner, der 1930 starb, widmete sich nach seinem Ausscheiden aus dem Unternehmen vorwiegend den schönen Künsten. Beindorff brachte das Unternehmen unter dem Markennamen Pelikan durch alle Fährnisse des Ersten Weltkriegs und der Inflations- und Krisenzeit zu einem der auf dem Weltmarkt führenden Hersteller. Ein breites Produktionsprogramm reichte von den Malstiften für Kinder über Tinte, Farben, Farbbänder und Tuschkästen bis zu den Füllfederhaltern. Beindorff musste noch erleben, wie sein Werk, die Fabriken und Niederlassungen im Ausland, während des Zweiten Weltkrieges konfisziert und enteignet wurden. Er starb im letzten Kriegsjahr 1944.

Eine neue Erfolgsperiode begann für die Marke Pelikan in der Zeit des Wiederaufbaus und des Wirtschaftswunders sowie des Aufblühens der Weltwirtschaft bis in die 1970er Jahre. Auf dem wirtschaftlichen Höhepunkt des Unternehmens waren bis zu 8.500 Mitarbeiter weltweit beschäftigt. Danach folgte ein ständiger Abwärtstrend bis zur Insolvenz 1982 und zu der Einstellung der Tätigkeiten im jetzigen Pelikan-Viertel. Heute ist der Mehrheitsbesitz in

74 Füllfederhalter-Produktion mit Vorbild an der Decke hängend

75 Qualitätskontrolle der fertigen Pelikan-Füllhalterfedern

76 Keramik-Etagere für den Füllhalter 100N, die den Fachhändlern zur wirkungsvollen Präsentation empfohlen wurde, 1938

malaysischen Händen, die Hauptverwaltung der Pelikan GmbH sitzt in der Werftstraße am Mittellandkanal.

Im vergangenen Vierteljahrhundert sind Pelikan-Füllfederhalter in immer neuen Variationen und unter verschiedenen Seriennamen auf den Markt gebracht worden. Form und Farbgebung wurden und sind dem jeweiligen Zeitgeschmack angepasst. Die Halter entsprechen dem neuesten Stand der Technik und werden immer noch mit viel Handarbeit produziert. Sie haben nach wie vor einen Nutzerkreis, der auch heute wieder in dem Schreibgerät ein Statussymbol sieht. Es behauptet neben allen elektronischen Neuerungen, die jetzt zum privaten und beruflichen Alltag gehören wie Laptop, PC, i-phone oder Internet seinen Platz.

Zu einem erheblichen Teil gründet sich die Erfolgsgeschichte des Füllhalters in den jetzigen Generationen nicht nur darauf, dass in der ersten Phase des Wirtschaftswunders nach dem Zweiten Weltkrieg bei den Erwachsenen der Füller zu einem Massenschreibgerät wurde. Eine kluge Markenstrategie hatte frühzeitig die nachwachsenden Käufer ins Visier genommen – für Kinder und Schüler ein speziell entwickelter Füllhalter. Er hatte seine Premiere 1960. Da wurde erstmals der jugendliche Ableger unter dem einprägsamen Namen Pelikano vorgestellt. Ein kinderleicht zu handhabender Schulfüller mit Tintenpatronen zum Wechseln. Er war das Ergebnis einer umfangreichen Befragung von Lehrern. Bald fehlte er in keiner Schultasche und keinem Schulranzen mehr. Inzwischen wird von den Schülern mit dem Pelikano junior geschrieben.

Im Stadtbild von Hannover wird die Erinnerung an das Unternehmen an der Podbielskistraße wach gehalten. Das neue Wohn- und Geschäftsviertel auf dem alten Fabrikgelände und in seiner Nachbarschaft trägt stolz den Namen Pelikan.

Dieter Tasch

77 Edle Serie der Traditionsmarke Pelikan: „Special Edition Eternal Ice" ist das sechste Motiv der erfolgreichen Serie „Schönheiten der Natur", die im Jahre 2007 gestartet wurde.

Aus der Backstube zum Weltunternehmen

Die Geschichte der Hermann Bahlsen Keksfabrik

„Wer Keks sagt, meint Bahlsen!". Hinter diesem griffigen Slogan steckt einige Wahrheit und eine inzwischen mehr als 120-jährige Geschichte. Sie begann am 1. Juli 1889 in einer der Zeit entsprechenden kleinen, handwerklich geprägten Backstube in Hannover. Heute findet sich der Name Bahlsen rund um den Globus in den Regalen des Lebensmitteleinzelhandels. Es war insbesondere eines der ersten Produkte des Neulings in der Backwarenbranche, das zum Begriff wurde: der Leibniz Keks. Selbst das Wort Keks existiert erst seit 1911 durch Bahlsen. Das Unternehmen hat das englische Wort cakes auf diese Weise eingedeutscht und damit zum Bestandteil der deutschen Sprache gemacht. Ebenso einprägsam wie der Name ist die bis heute beibehaltene Form des Produktes – ein relativ dünnes, festes, viereckiges Stück Gebäck, dessen Ränder denen einer Briefmarke gleichen, die 52 Zacken hat.

Der Mann hinter dem Keks war Hermann Bahlsen (1859 bis 1919). Als Dreißigjähriger stieg er in der hannoverschen Friesenstraße in einen Gebäckbetrieb ein, dessen wirtschaftliche Entwicklung recht wechselhaft war. Bahlsen, Spross einer alten hannoverschen Tuch- und Goldschmiedefamilie, hatte bis dahin vor allem in England kaufmännische Erfahrung gesammelt. Seine Mutter, eine

78 Start mit zehn Mitarbeitern in einer kleinen Bäckerei in der Friesenstraße am 1. Juli 1889

79 Portrait von Hermann Bahlsen

Tochter des berühmten hannoverschen Gartengestalters Wendland, der maßgeblich die Herrenhäuser Gärten prägte, war betucht genug, um ihrem Sohn den Einstieg als Teilhaber in der Friesenstraße zu ermöglichen. Dieser übernimmt nach nur einem Jahr am 1. Juli 1889 das „Fabrikgeschäft engl. Cakes und Biscuits" von H. Schmuckler in Hannover. Er nennt seine Firma „Hannoversche Cakesfabrik H. Bahlsen". Die Produktion beginnt mit zehn Mitarbeitern. Kurz darauf kann er seine Belegschaft schon auf 100 Mitarbeiter steigern. Seine Idee, das insbesondere in England und Frankreich verbreitete Cakes- und Bisquit-Gebäck in Deutschland in einer für einen breiten Markt gedachten Form einzuführen, erwies sich als überragender Erfolg. Äußeres Zeichen waren Medaillen in Verbindung mit großen Ausstellungen wie der berühmten Weltausstellung 1893 in Chicago.

Nur vier Jahre nach der Firmengründung zog Hermann Bahlsens Keksfabrik in einen Neubau an der damaligen Celler Straße. Später wurde sie in Podbielskistraße umbenannt, in der sich bis heute das Bahlsen-Stammhaus befindet.

Innerhalb des ersten Jahrzehnts konnte Hermann Bahlsen mit seinem Unternehmen einen schwindelerregenden Aufschwung verzeichnen. Technisch war man zu einer rein industriellen Fertigung der Backwaren mit den neuesten Maschinen und Öfen gekommen. Auf dem Markt erschienen einprägsame Produkte und attraktive, unverwechselbare Packungen, die das heutige Verständnis von Firmenlogo und Corporate Identity vorwegnahmen. Bahlsen war einer der ersten Unternehmer, der den Wert einer Marke für ein Produkt erkannte.

Zu einem seiner genialsten Einfälle ist die Namensgebung für den neuen Butter-Keks zu zählen. Ursprünglich hatte Bahlsen eine für seinen Standort

80 Briefkopf nach der erfolgreichen Chicagoer Weltausstellur.g, 1893

81 Fassadenfiguren „Brezelmänner" von Georg Herting am alten Verwaltungsgebäude in der Podbielskistraße

naheliegende Ortsbezeichnung als Namen für seine Cakes gewählt – er sollte Eilenriede-Cakes heißen. Der hannoversche Stadtwald ist aber nur lokal bekannt.

Bahlsen wusste, dass der von ihm verehrte hannoversche Universalgelehrte Gottfried Wilhelm Leibniz (1646 bis 1716) 200 Jahre vor ihm eine ebenso praktische wie zukunftsweisende Erfindung gemacht hatte. Leibniz war nicht nur der Erfinder der modernen Rechenmaschine nach dem binären Prinzip, ein großer Philosoph und ein international anerkannter Diplomat seiner Zeit, sondern auch Ratgeber seines kurfürstlichen Arbeitgebers für die Truppenverpflegung. Er führte es ein, den Soldaten auf ihren Feldzügen ein Hartgebäck mitzugeben; wenn man so will, die ersten in Hannover hergestellten Cakes. Dieser historischen Spur folgte Bahlsen und gab ein Jahr nach der Einführung seiner Butter-Cakes diesen den Namen Leibniz-Cakes.

Kurz nach der Wende zum 20. Jahrhundert wurde der Name Leibniz-Cakes äußerlich mit dem TET-Zeichen als Siegelmarke verbunden. TET ist einer altägyptischen Hieroghlyphe entlehnt und bedeutet soviel wie „ewig dauernd". Das war in der Tat eine

82 Zeitgenössische Produktwerbung, um 1900

83 „Klein-Verzehr-Packung" mit Fabrik-Marke, 1898

84 Gottfried Wilhelm Leibniz in den Herrenhäuser Gärten, Anzeige um 1912

85 TET-Zeichen als Siegelmarke, ab 1904

Malers Mittag war Ausdruck des für künstlerische Ideen und Werke überaus aufgeschlossenen Jungunternehmers. Ihn beeindruckte der einsetzende und sich schnell ausbreitende Jugendstil. In späteren Jahren verfolgte Bahlsen gemeinsam mit engen Mitarbeitern, die sein Unternehmen über Jahrzehnte begleiteten, und namhaften deutschen und internationalen Künstlern auch Projekte, die über seine eigentliche unternehmerische Tätigkeit hinaus gingen. So regte er an, städtebaulich den Plan einer TET-Stadt zu entwickeln. Der erste Weltkrieg und der frühe Tod von Hermann Bahlsen verhinderten die Realisierung.

Nicht weniger interessierten den Fabrikhalter die neuesten technischen Entwicklungen in seiner Branche. So kann es als produktionstechnisch wichtigster Schritt in dem noch jungen Unternehmen angesehen werden, dass es bereits 1905 die erste Fließbandfertigung in Europa einführte.

Nach dem Tod von Hermann Bahlsen bricht für das Familienunternehmen eine der schwierigsten Phasen seiner Geschichte an. Die 1920er Jahre scheinen

prophetische Zeichensetzung. Grafisch ausgeführt wurde sie von dem hannoverschen Maler Heinrich Mittag. Die neuartige Packung sollte „luftdicht" sein. Das Patent dafür erwarb H. Bahlsen in den USA. Die Beschäftigung des

86 *Bahlsen nutzte als zweite deutsche Firma die „neumodische" Leuchtreklame in Berlin, 1898*

87 *Fließband-Produktion in der Leibniz-Bäckerei*

zeitweise das bis zum Ausbruch des Ersten Weltkrieges so rasch aufblühende Unternehmen an den Rand seiner Existenz zu bringen. Die Söhne Hermann Bahlsens, Hans, Werner, Gerhard und Klaus sind noch zu jung, um aktiv in das Geschehen eingreifen zu können. Lediglich Hans hat bereits etwas Firmenluft als Lehrling geschnuppert. Daher ruht die ganze Last der weiteren Gestaltung auf einem kleinen Stamm von Mitarbeitern, die seit langem das Vertrauen von Hermann Bahlsen genossen haben und mit den Details der Leitung eng vertraut sind. Doch sie allein können das Überleben nicht sichern. Die Hilfe kommt aus dem noch vor kurzem feindlichen Ausland, aus Großbritannien. Es ist der Unternehmer Sir Alexander Grant von McVitie & Price, der aus alter Verbundenheit auf die Kompetenz der führenden Mitarbeiter setzt und die drohende Finanzkrise abwendet.

Die Inflation treibt die Preise in nicht mehr nachvollziehbare, schwindelerregende Höhen. So kostet schließlich eine Packung Leibniz-Keks 400 Milliarden Mark. Das Geld wird nicht mehr gezählt, sondern abgewogen. Bahlsen führt eigenes Notgeld ein, so wie viele Städte und Firmen auch. Nach dem Ende des finanziellen Wahnsinns und der Einführung der Rentenmark zahlen die Verbraucher für die Packung Leibniz-Keks 0,60 Rentenmark.

Doch den Deutschen fehlt auch weiterhin das Geld, um sich neben den notwendigen Lebensmitteln und anderen Verbrauchsgütern des täglichen Bedarfs süße Köstlichkeiten wie die von Bahlsen kaufen zu können. Zwar sind dreihundert unterschiedliche Artikel im Sortiment, aber der Absatz kommt nur schwer wieder auf Touren. Von den 300 Arbeitern, die auf dem Höhepunkt der Krise entlassen werden mussten, konnten zunächst nur wenige wieder eingestellt werden. Die Gesamtbelegschaft beträgt Ende der 1920er Jahre gerade mal 480 Mitarbeiter. Aber da naht schon die nächste schwere Krise: Der New Yorker Börsenkrach von 1929 und die darauf folgende, weltweite Depression, als deren Folge die Zahl der Arbeitslosen im Deutschen Reich auf mehr als 6 Millionen steigt. Sie hinterlässt auch bei Bahlsen tiefe Spuren. Die Firmenleitung, in der inzwischen Familienmitglieder nachgerückt sind, lässt sich jedoch nicht entmutigen.

Auf das wirtschaftlich schwierige Umfeld reagierte Bahlsen in mehrfacher Hinsicht. Zum einen

88 Mischanlage für die Rekord-Tüte

89 Verschiedene Gebäck-Formwalzen

90 Hartkeksausstechmaschine mit Transportwalze

91 Hanomag L 28 als Bahlsen Auslieferungsfahrzeug

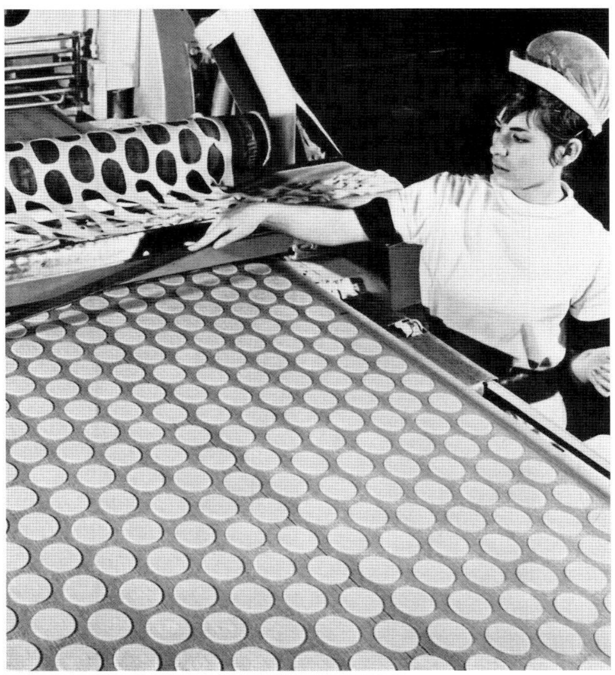

wurden den Verbrauchern Erzeugnisse zu immer neuen Niedrigpreisen angeboten. Eine Packung Leibniz-Keks wurde z. B. für 25 statt bisher 40 Reichspfennig verkauft. Es wurden so genannte Express- und Taschenpackungen herausgebracht. Zum anderen folgte das Unternehmen einer Linie der Außendarstellung, die schon vom Gründer Hermann Bahlsen vorgezeichnet war. Er hatte namhafte Künstler in die gestaltende Darstellung, die heute als Corporate Design bezeichnet wird, einbezogen. Konsequent wurden kreative Kräfte wie Martel Schwichtenberg und Kurt Schwitters damit beauftragt, vom Briefkopf bis zu Packung und Schmuckdose grafisch das Bild von Bahlsen als dem der Moderne aufgeschlossenen Unternehmen zu gestalten. Für die Ladeneinrichtung engagierte man bekannte Architekten wie den Hannoveraner Adolf Falke. Bahlsen war damit auf der Höhe der Zeit, in der auch eines der Wahrzeichen Hannovers, das Anzeiger Hochhaus, aus der Hand des Hamburger Architekten Fritz Höger geschaffen wurde.

In der Firmenchronik spiegeln die 1930er und 1940er Jahre das wechselvolle Auf und Ab der deutschen Geschichte getreulich wider. Bis zum Kriegsausbruch hatte nicht zuletzt durch neue Produkte die Zahl der Mitarbeiter auf mehr als 2.000 erhöht werden können. Klaus Bahlsen brachte von einer USA-Reise 1935 eine Rezeptur für ein in Deutschland bis dahin unbekanntes salziges Knabbergebäck mit. Bahlsen führte erfolgreich die Salzletten ein, die etwas später mit einer charakteristischen Blechdose ihr eigenes Verpackungsmerkmal erhielten.

Erst Jubel, dann tiefe Zweifel über die Zukunft brachte das Jahr 1939. Bahlsen konnte auf ein halbes Jahrhundert Firmengeschichte zurückblicken, doch nach dem Ausbruch des Zweiten Weltkriegs lag vor dem Unternehmen wie vor ganz Deutschland eine ungewisse Zukunft. Der Krieg wurde in allen Facetten durchlebt, die insbesondere die Lebensmittelindustrie betrafen: Nur noch eingeschränkter Verkauf auf Brotmarken, Umstellung der Produktion auf Sonderprogramme für die Wehrmacht. Und am Ende waren von den noch kurz vor Kriegsausbruch ausgeweiteten neuen Betriebsanlagen in Hannover durch die Bombenangriffe der Alliierten 60 Prozent zerstört.

Nach einer rund zehnjährigen Zwangspause durch Krieg und unmittelbare Nachkriegszeit mit den erheblichen Einschränkungen bei der Verfügbarkeit der für die Backwarenherstellung notwendigen Rohstoffe setzte Bahlsen vom Tage der Währungsreform am 20. Juni 1948 zu einem ungeahnten unternehmerischen Aufschwung an. Die Verbraucher waren bereit für die süßen und salzigen Leckerbissen aus Hannover. Die Bundesrepublik wurde überzogen von einem dichten Netz von Auslieferungslagern, die dreimal wöchentlich mit frischer Ware aus den hannoverschen Backöfen beliefert wurden. Gleichzeitig exportierte Bahlsen erst in die angrenzenden europäischen und schließ-

92 *Richtfest Werk Barsinghausen, 1956*

93 *Dressiermaschine*

94 *Bahlsen Expressdose von 1956, Jubiläumsdose zum 111. Bahlsen Geburtstag und das heutige Unternehmens-Logo*

lich auch überseeischen Märkte. Die Produktionsanlagen in Hannover reichten nicht mehr aus, obwohl schon zu Beginn der 1950er Jahre erweitert. Bahlsen ging nach Barsinghausen vor die Tore von Hannover auf die grüne Wiese und errichtete dort das modernste Werk der Lebensmittelindustrie in Europa. In dieses Werk investiert Bahlsen derzeit erneut rund 40 Millionen Euro.

Das Familienunternehmen wurde nach dem Krieg von drei Brüdern geleitet: Hans, der bereits 1959 starb, Werner und Klaus Bahlsen. Werner Bahlsen übernahm die Rolle der Gesamtleitung. Seine Söhne Werner und Lorenz folgten 1974 in die Geschäftsführung. Zum hundertsten Geburtstag 1989 präsentierte sich das hannoversche Familienunternehmen als ein weltweit operierender Konzern, der sowohl bei den süßen als auch bei den salzigen Erzeugnissen im In- und Ausland überaus erfolgreich dasteht.

Vier Jahre später vollzog sich eine erste entscheidende Trennung. Die Snack-Linie mit ihren Chips und Salzletten wurde zu einer selbständigen Einheit. Bereits seit Mitte der 1960er Jahre war Bahlsen an einer auf Salzletten spezialisierten Firma in Neu-Isenburg beteiligt, die schließlich 1985 ganz übernommen wurde. Von 1999 an wurde Neu-Isenburg zum Hauptsitz der nun vollständig von Lorenz Bahlsen in Eigenregie geführten Unternehmensgruppe, die seither mit einer eigenen Marke, Lorenz Snack-World, auftritt. Demgegenüber steht die Bahlsen GmbH & Co. KG Hannover mit den Dachmarken Leibniz und Bahlsen heute für die traditionelle Kernkompetenz des Hauses auf dem Gebiet von Keks, Weihnachtsgebäck, Kuchen und Keksriegeln unter der Führung von Werner M. Bahlsen.

Stärker denn je ist bei den hochwertigen Backwaren Innovation gefragt. Die in- und ausländische Konkurrenz wächst, sowohl in Deutschland als auch im gesamten Ausland. Die starken und allseits bekannten Marken sind wichtige Basis, doch die sich verändernden Verzehrgewohnheiten und Wünsche der Verbraucher verlangen neue, innovative Produkte. Nicht zuletzt um diesen Anforderungen zu genügen, gibt es bei Bahlsen seit Jahren den internen Bahlsen Verbesserungsprozess, der dafür sorgt, dass das Thema kontinuierliche Verbesserung in allen Bereichen von allen Mitarbeitern gelebt wird. Nur so kann das Familienunternehmen langfristig unabhängig und erfolgreich bleiben. Die nächste Wegmarke ist schon gesetzt: 2014 wird Bahlsen auf 125 Jahre Unternehmensgeschichte zurückblicken.

Dieter Tasch

Kommißbrot für alle Fälle

Die Geschichte des hannoverschen Kleinwagens der Hanomag

Bedingt durch Überkapazitäten und Wirtschaftskrise suchte die Lokomotiv-Fabrik Hanomag Anfang der 1920er Jahre nach einem neuen Betätigungsfeld. Einen gelungenen Einstieg in den Automobilbau bot die Kleinwagenkonstruktion von Pollich und Böhler. Das so genannte Kommißbrot machte das Unternehmen bis in die heutige Zeit populär – und dient nun auch einer Interessengemeinschaft als Signet.

„Wer heute vom 'kleinen Hanomag' spricht – er wird wohl eher eines der vielen Koseworte gebrauchen und Kommißbrot sagen – tut es sicherlich mit einem Lächeln der Erinnerung an die Zeiten früheren Autofahrens mit all seinen Komplikationen und Freuden. Man sprach schon 1924 vom 'Volksauto' und war sich kaum der Tatsache bewußt, dass die Motorisierung mit diesem Prototyp erstmalig auf eine breite Basis gestellt war. Verfolgen wir einmal den Weg dieses ersten Volksautomobils von der Idee über die Blüte bis zum Vergehen und sehen wir uns dabei auch die Kräfte und Menschen an, die am 'kleinen Hanomag' arbeiteten."

95 *Automobilbau in der Entstehung. Beide Gebäude, bereits 1922 bis 1923 errichtet, sind heute noch erhalten*

96 *Carl Pollich, bis zu seiner Pensionierung 1963 Chefkonstrukteur bei der Hanomag*

hatte. Bereits während seiner Tätigkeit bei der Firma NSU vor dem ersten Weltkrieg beschäftigte er sich mit dem Gedanken der Volksmotorisierung und baute ein Motorrad mit vornliegendem 'Beiwagen'. Die Fehlschläge der Fahrzeuge 'Libelle' und 'Böblinger Werft' ließen ihn nicht ruhen, ganz neue Wege zu gehen, und so sah er in dem 'Motorrad auf vier Beinen' einen Weg, das Kleinstwagenproblem bei Verwendung eines robusten wassergekühlten Einzylinder-Motors zu lösen.

Er gründete 1923 in Berlin, Kaiserin-Augusta-Allee 113, die Firma 'Kleinmotorwagen-Aktiengesellschaft'. Seine Grundidee war also, ein leichtes, zweisitziges Fahrzeug mit wasserge-

So schrieb der Automobil-Ingenieur Carl Pollich 1954 die Einleitung zur Geschichte seiner ureigensten Schöpfung, des Hanomag Personenwagens mit der Typenbezeichnung 2/10. Er hat wie kein anderer über Jahrzehnte als findiger Konstrukteur den Automobilbau der Hanomag geprägt. Daher liegt es nahe, die Fortsetzung aus erster Hand zu zitieren.

„Es war Fiedelis Böhler, geboren am 24.03.1887 in Friedlingen, Kreis Saulgau /Wttbg., der die Idee

97 Hellmuth Butenuth, ein leidenschaftlicher Konstrukteur, wurde 1924 von ter Meer engagiert

98 Generaldirektor Dr.-Ing. Gustav ter Meer, stellte die Weichen für den Automobilbau bei der Hanomag

kühltem Einzylinder-Heckmotor zu schaffen. Um eine möglichst bequeme Sitzanordnung zu ermöglichen, wurden die bei den damaligen Wagen üblichen und geforderten Trittbretter in den Fahrgastraum einbezogen. So entstand die Pontonkarosserie, die sich im allgemeinen Automobilbau der Gegenwart durchgesetzt hat. Außer diesem richtungweisenden Karosseriebau – es sei auch an den eingebauten Scheinwerfer erinnert – wies das Fahrwerk eine vordere Schwingachse auf, während die Hinterachsfederung mit Schraubenfedern (und Reibungsdämpfern, Anmerkung der Red.) durchgeführt wurde.

Die Kleinwagen-Aktiengesellschaft war ein Unternehmen handwerklichen Charakters mit bescheidenen Mitteln. Der Bau des neuen Kleinwagens fiel zeitlich gerade in die Ausläufer der Inflation und brachte die Firma im Juli 1923 in finanzielle Schwierigkeiten. Böhler ging auf die Suche nach einem kapitalkräftigen Unternehmen, das die Konstruktion ankaufen sollte. Bei der Hanomag lief zu dieser Zeit die Konjunktur für Lokomotiven, also schienengebundene Fahrzeuge, aus, so dass der damalige Generaldirektor Dr. Dr.-Ing. Gustav ter Meer eine Chance für seine Absicht sah, Straßenfahrzeuge bauen zu können. Unmittelbar nach der Umstellung auf die Goldwährung wurden im Juli 1924 die beiden Versuchsfahrzeuge einschließlich der Konstruktion erworben. Böhler und sein Mitarbeiter Pollich, geboren am 7. April 1897 in Baisingen, Kreis Horb/Neckar, zwei Landsleute also, traten am 1. August 1924 zur Hanomag über. Die Herstellung der Fahrzeuge lief so schnell an, dass die Automobilausstellung in Berlin im März 1925 mit diesem Typ bereits beschickt werden konnte und das Fahrzeug einen großen Erfolg errang.

Mit wachsender Serienherstellung trug der 'kleine Hanomag' maßgeblich dazu bei, dass breite Schichten der Bevölkerung an der Motorisierung

99 *Fahrgestell des Kommißbrots mit wassergekühltem Einzylindermotor*

100 *2/12 PS-Motor vom Kommißbrot, Vorderansicht*

hatte ein Aussehen, das den herkömmlichen Vorstellungen des Automobils mehr entsprach, hatte einen Vierzylinder-Motor und wies einen elektrischen Anlasser auf. Dieser Wagen wurde für 2.100 Mark auf den Markt gebracht, während der 'kleine Hanomag' damals 2.300 Mark kostete. Bedauerlicherweise hatte es die Leitung der Hanomag damals nicht verstanden, durch Produktionserhöhung den Wagenpreis zu senken, um den Kampf gegen Dixi aufnehmen zu können. Gegen den Willen von Böhler wurde die Weiterentwicklung des Kleinwagens gestoppt, und Hanomag entwickelte ein Konkurrenzfahrzeug zu Dixi, den 750 ccm-Standard-Pkw als 'Cabriolet' (gemeint ist der Typ 3/16, Anm. d. Red.). Damit war mit der vorgezeichneten Linie

teilnehmen konnten. Es gibt kaum ein Fahrzeug, das ihn bis heute an Popularität zu übertreffen vermochte, und es ist rückblickend interessant, wenn sich 1925 in München ein Verkaufsunternehmen gründete, das sich 'Volksauto-Vertriebs-GmbH' nannte."

Nachdem 15.775 Wagen dieses Typs hergestellt worden waren, beeinflußte 1928 ein namhaftes Eisenacher Werk, die Dixi, die Volksmotorisierung. Dieses Werk baute den 750 ccm Austin Seven in Lizenz. Dieser bot vier Personen Platz,

101 Die bereits mit Rädern versehenen Fahrgestelle wandern weiter ...

102 ... zum Rollenprüfstand, bevor sie erstmals den Boden berühren

10000

zur Volksmotorisierung zunächst einmal Schluß. Böhler schied leider im Jahre 1926 mit dieser eingeleiteten Entwicklung aus dem Werk aus.

Dem guten alten 'Kommißbrot' waren damit in der Herstellung nur gut drei Jahre vergönnt, doch erwies es sich als langlebig, dass selbst nach 25 weiteren Jahren mehrere Hundert dieser kleinen Kerle über die deutschen Straßen 'nicken'." – Soweit Carl Pollich im Jahre 1954.

Heute, weitere fast 60 Jahre später, gibt es weltweit noch knapp einhundert fahrbereite Kommißbrote. Seinerzeit wurde das Kommißbrot als Limousine, Cabriolet (auch mit Hardtop lieferbar), Roadster (ohne Türen) und Taxi ausgeliefert. Letztere Ausführung lief vor allem in Berlin, wo findige Droschkenbetreiber herausgefunden hatten, dass die überwiegende Zahl der Fahrgäste alleine unterwegs war. Das 2/10-Taxi bot ihnen eine sparsame Alternative zu den größeren Limousinen anderer Fabrikate.

Zum Ende der Serienproduktion wurde aus den Transportkarren mit Kommißbrot-Motor, die auf dem Werksgelände der Hanomag liefen, ein Kleinst-Lieferwagen entwickelt. Als er auf dem Markt erschien, griffen sowohl kleine Handwerksbetriebe als auch Händler sofort zu. Sie waren von der Wirtschaftlichkeit des neuen Gefährts beeindruckt, die Zuladung betrug immerhin ¾ t. So waren beispielsweise Kohlen- und Kartoffelhändler in Hannover mit den charakteristischen Fahrzeugen unterwegs. Ein Sonderfahrzeug entstand in der Feuerwehrgerätefabrik Hermann Koebe in Luckenwalde bei Berlin. Auf diesem fanden neben der Ausrüstung, z. B. der Leiter, bis zu sechs Feuerwehrleute Platz.

Um die Leistungsfähigkeit des 'kleinen Hanomag', der stets die Spötter und Lacher auf seiner Seite hatte, unter Beweis zu stellen, wurde zur damaligen Zeit werksseitig immer wieder an Prüfungs- und Rennveranstaltungen teilgenommen – mit durchaus erstaunlichen Erfolgen: Das Nürburgring-Eröffnungsrennen, das Schauinsland-Rennen bei Freiburg wie auch das Klausenpaßrennen in der Schweiz – um nur die wichtigsten zu nennen – wurden stets mit Kommißbroten als Klassensieger beendet. Mehrfach nahmen Renn-Kommißbrote an den Hainbergrennen bei Göttingen und dem Hercules-Bergrennen in Kassel teil, die sich

103 Fiedelis Böhler und das 10.000. Kommißbrot vor dem Hanomag Autobau

104 Karl Kappler, der erfolgreichste Automobilrennfahrer in den 1920er Jahren, mit seinem „Körbchen" im Einsatz

in der Bevölkerung größter Beliebtheit erfreuten. Zum Erstaunen der Fahrer und Insassen wesentlich größerer und erheblich stärker motorisierter Rennwagen schaffte es der „Kleine Hanomag" auf der Großglockner-Hochalpenstraße, die reihenweise mit kochendem Kühler liegen gebliebenen Konkurrenten zu überholen. Das geschah allerdings nicht ganz ohne Mühe und mit einem Trick. So fuhr der bekannte hannoversche Motorjournalist und Fotograph Herbert Hoeppfner rückwärts die Alpenstraße hoch. Hoeppfner war es auch, der im strengsten Winter von Hannover aus mit dem Kommißbrot nach Bayern fuhr, um dort an den damals berühmten Eisrennen auf dem Eibsee teilzunehmen. Die Reifen waren schon mit Spikes bestückt.

Für die unterschiedlichsten Renneinsätze kamen verschiedene Aufbauten zum Einsatz. So lieferte ein hannoverscher Korbmacher, der sonst Kinderwagen anfertigte, eine geflochtene Karosserie. Auch eine Variante aus Sackleinen (Zeppelin-Karosserie) wurde angefertigt. Die mit entsprechend 'erleichtertem' Gesamtgewicht und frisierten Motoren ausgestatteten Einzelstücke liefen bis zu 90 Stundenkilometer auf ihren Holzspeichenrädern, während die übliche Reisegeschwindigkeit bei 60 km/h lag.

Unzählige Geschichten ranken sich heute um dieses erste Volksauto, welches ganz wesentlich zur Popularität der Hanomag beitrug.

Die erstaunlichste Geschichte wurde 1934 und 1935, nachdem die Produktion des Kleinwagens längste eingestellt war, von dem Koblenzer Schlossermeisten Johann Jakob Baulig geschrieben. Der damals 36-jährige selbständige Handwerker war ein begeisterter Bastler. Seine aus Millionen Streichhölzern zusammengeklebte Standuhr war 1928 ein Welterfolg. Die 25.000 Reichsmark, die er dafür erlöste, waren die finanzielle Grundlage für ein ehrgeiziges Projekt, das ihn seit Mitte der 1920er Jahre beschäftigte. Er wollte ein Auto schwimmfähig machen. Erste Versuche mit einem Adler misslangen. Dagegen war er mit einem Hanomag Kommißbrot auf der richtigen Spur.

Die Karosserie des Kleinwagens, in den der 1,92 Meter-Mann sich nur mühsam reinzwängen konnte, wurde mit Gummi, Leinwand und zusätzlichen Blechen abgedichtet. Vor die Vorderachse baute Baulig zur Stabilisierung einen Schwimmkörper ein. Für den Antrieb nagelte

105 Zum alten Café Kröpcke gesellten sich im Stadtbild von Hannover bald die ersten Kommißbrote, hier als Limousine

er an die Holzspeichen der Hinterräder jeweils 12 Schaufeln.

So ausgerüstet startete Baulig 1934 zu ersten Probefahrten auf dem Rhein. An den Ufern versammelten sich überall staunende Menschenmassen, darunter ganze Schulklassen. In seiner Heimatstadt Koblenz wurde er von einer großen Menschenmenge bei einer Schaufahrt auf dem Rhein umjubelt. Eine dieser Amphibienfahrten erlebten zwei Briten mit. Sie luden ihn ein, mit seinem Fahrzeug nach England zu kommen. Darauf fuhr er im Mai 1935 von Koblenz über Trier nach Calais. Von dort wollte er den Ärmelkanal überqueren. Erst musste er warten, weil schwere Stürme die Überfahrt verhinderten. Anscheinend hatte er jedoch durch seine Ausflüge auf dem Rhein die internationale Presse auf sich aufmerksam gemacht. Am Ärmelkanal jedenfalls wurde er auf Schritt und Tritt von Reportern, Fotografen und den Kameras der Internationalen Wochenschauen begleitet.

Baulig schaffte es tatsächlich: Am 29. Mai 1935 überquerte er als erster Mensch in einem Amphibienfahrzeug den Ärmelkanal nach Dover. Er brauchte dafür 8 Stunden und 20 Minuten bei einer Durchschnittsgeschwindigkeit von 13 km/h. Vor der britischen Küste wurde er bereits von Flugzeugen begrüßt, aus denen Blumen auf ihn abgeworfen wurden. An Land culminierte die Begeisterung in einem Empfang Bauligs bei Hofe. Im Buckingham-Palace zeichnete ihn das Britische Königspaar mit einer zu seinem 25-jährigen Kronjubiläum geprägten silbernen Medaille aus. Um so ernüchternder war die Fortsetzung in Deutschland. Für 5.000 Reichsamrk musste er seine Pläne und Rechte an das Deutsche Reich abgeben. Die Weiterentwicklung seiner Erfindung übernahmen andere, die einige Jahre später im neuen KdF-Werk in Fallersleben, dem heutigen Wolfsburger VW-Werk, auf Käfer-Basis Schwimmwagen für die Wehrmcht bauten.

Es ist bei so viel Historie nicht verwunderlich, dass die Silhouette des 2/10er Hanomag Kommißbrotes von der 1984 gegründeten Hanomag-Interessengemeinschaft für historische Fahrzeuge (kurz: Hanomag IG) übernommen wurde – aber dies ist eine andere Geschichte.

Horst-Dieter Görg / Dieter Tasch

106 Erstes deutsches Land- und Wasser-Auto von Jakob Baulig, Koblenz. 1935 durchfuhr er als Erster mit seinem „Land-Wasser-Auto" den Ärmelkanal.

Hannover Technik in der Werbung

Im 20. Jahrhundert haben einige der bekanntesten deutschen und internationalen Grafiker und Künstler für Unternehmen der hannoverschen Wirtschaft gearbeitet. Auf Plakaten, in Zeitungsanzeigen und in unterschiedlichen Druckschriften konnten sie ihre gestalterischen Ideen ausdrücken. Es entstanden Arbeiten, die bis heute in der Geschichte der Werbegrafik beispielgebend sind. Fruchtbar waren vor allem die Jahre vor und nach dem Ersten Weltkrieg und dann wieder in der Zeit des Wiederaufbaus nach 1945.

Zu den herausragenden Männern des grafischen Gewerbes in Hannover zählte jahrzehntelang Paul Rademacher. Sein bekanntestes Produkt wurde der für die Deutsche Messe AG entworfene stilisierte Hermeskopf, eines der international bekanntesten Markenzeichen.

Die Idee mit dem Hermes-Kopf kam Rademacher in einer schlaflosen Nacht. Die Messe in Hannover war auf Befehl der Britischen Besatzungsmacht ins Leben gerufen worden, und zur ersten Messe im August 1947 suchte die erste Messegeschäftsleitung aussagekräftige Plakate. Die vorliegende Auswahl gefiel allerdings nicht und erst in letzter Minute traf Arthur A. Zell die Entscheidung für Rademachers Hermes-Kopf.

Paul Rademacher (1901 bis 1985) fiel zu allem etwas ein: zu Kameras, zu Autoreifen, Spanplatten, Pelzen, Bier, Werkzeugmaschinen, Schuhen. Bevor er das Messeplakat schuf, hatte er in Hannover für eine erste Gewerbeausstellung Weihnachten 1946, die im Bunker Bothfelder Straße eingerichtet wurde, ein Plakat gemacht. Rademacher war bereits seit 1927 als freier Kunstmaler und Grafiker in Hannover tätig.

Bei Pelikan Günther Wagner mit der Geschäftsführung unter Fritz Beindorff verfolgte man für die Werbung eine ähnlich hochgesteckte Linie wie sie nur wenige hundert Meter entfernt zuvor schon Hermann Bahlsen für sein Unternehmen abgesteckt hatte. Deutschlandweit bekannte Künstler wurden verpflichtet. Für Pelikan zeichnete der Hannoveraner Kurt Schwitters (1887 bis 1948), dessen Dada-Kunst in den 1920er

107 Paul Rademacher vor „seinem" Messe-Plakat

108 Im Zeitalter der neuen Autobahn ließ sich die Continental AG Mitte der 1930er Jahre von Paul Rademacher für die Eingangshalle ihrer Hauptverwaltung ein ansprechendes Ölgemälde gestalten

109 Das Plakat für die erste Exportmesse nach dem Zweiten Weltkrieg in Deutschland kam von Paul Rademacher. Der Hermeskopf ist auch heute noch das geschützte Signet der Deutschen Messe AG

110 / 111 *Ab 1946 entwarf Paul Rademacher für kommerzielle Kunden Plakate, u. a. auch für die in Hannover neu gegründete SPD*

112 / 113 *Der Hannoveraner Paul Rademacher war vor und nach dem Zweiten Weltkrieg für den hannoverschen Reifenhersteller als Plakatmaler tätig*

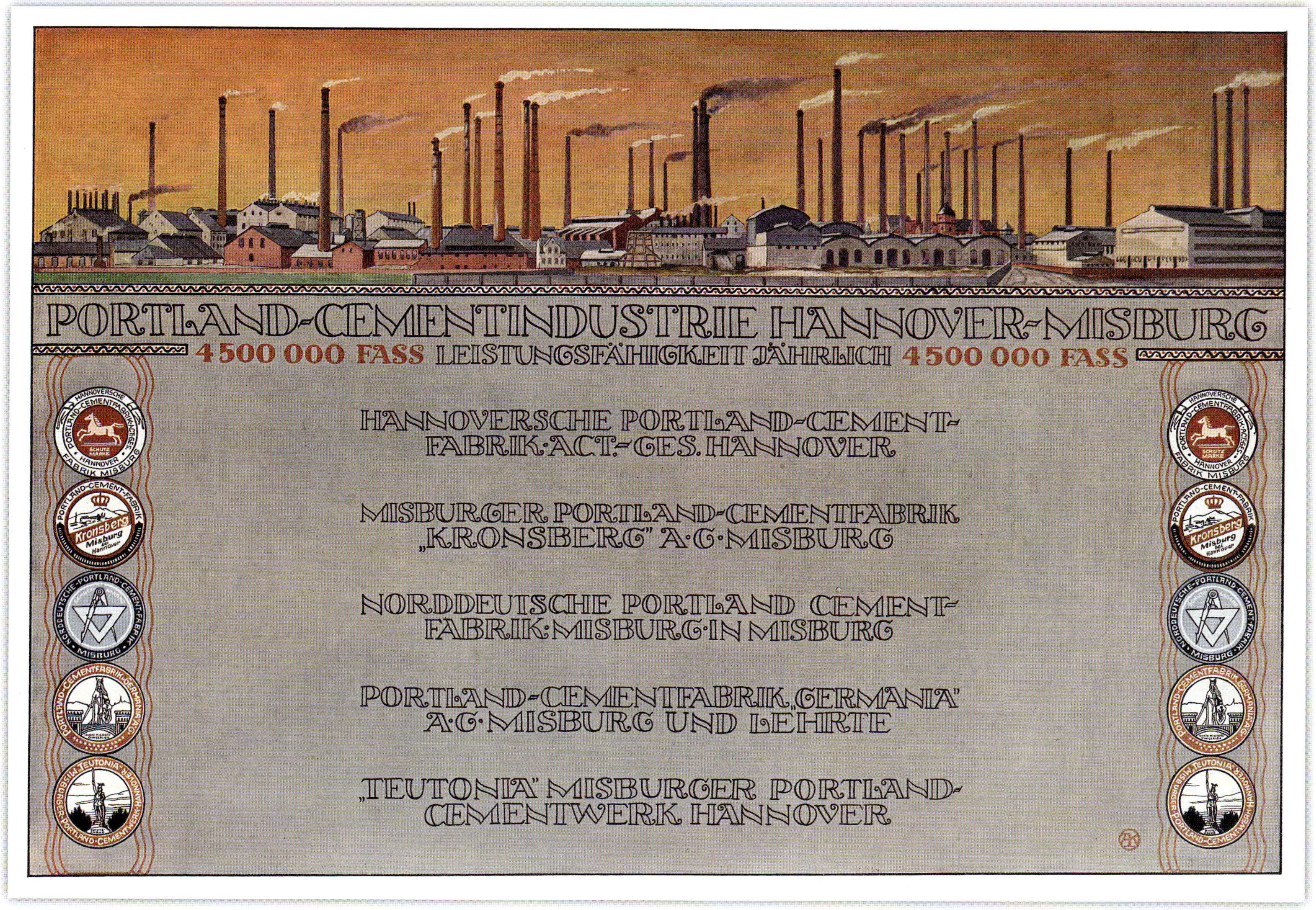

114 Für die ab 1899 erbauten Zementwerke entwarf Änne Koken dieses undatierte Werbeblatt

115 Plakatentwurf, N.N., 1909

"Pelikan"-
TUSCHEN
GÜNTHER WAGNER
KÜNSTLERFARBEN-FABRIKEN
HANNOVER und WIEN.

116 Alois Hans Schram (1864 bis 1919), Plakatentwurf, 1903

117 César Klein (1876 bis 1956), Plakatentwurf, 1919, 1. Preis

118 Kurt Schwitters, Seite 2 aus Merz 11 Typoreklame. Pelikan-Nummer Nov. 1924

119 El Lissitzky (1890 bis 1941), Plakat, 1929

120 Schmuckblatt für VSM von Änne Koken

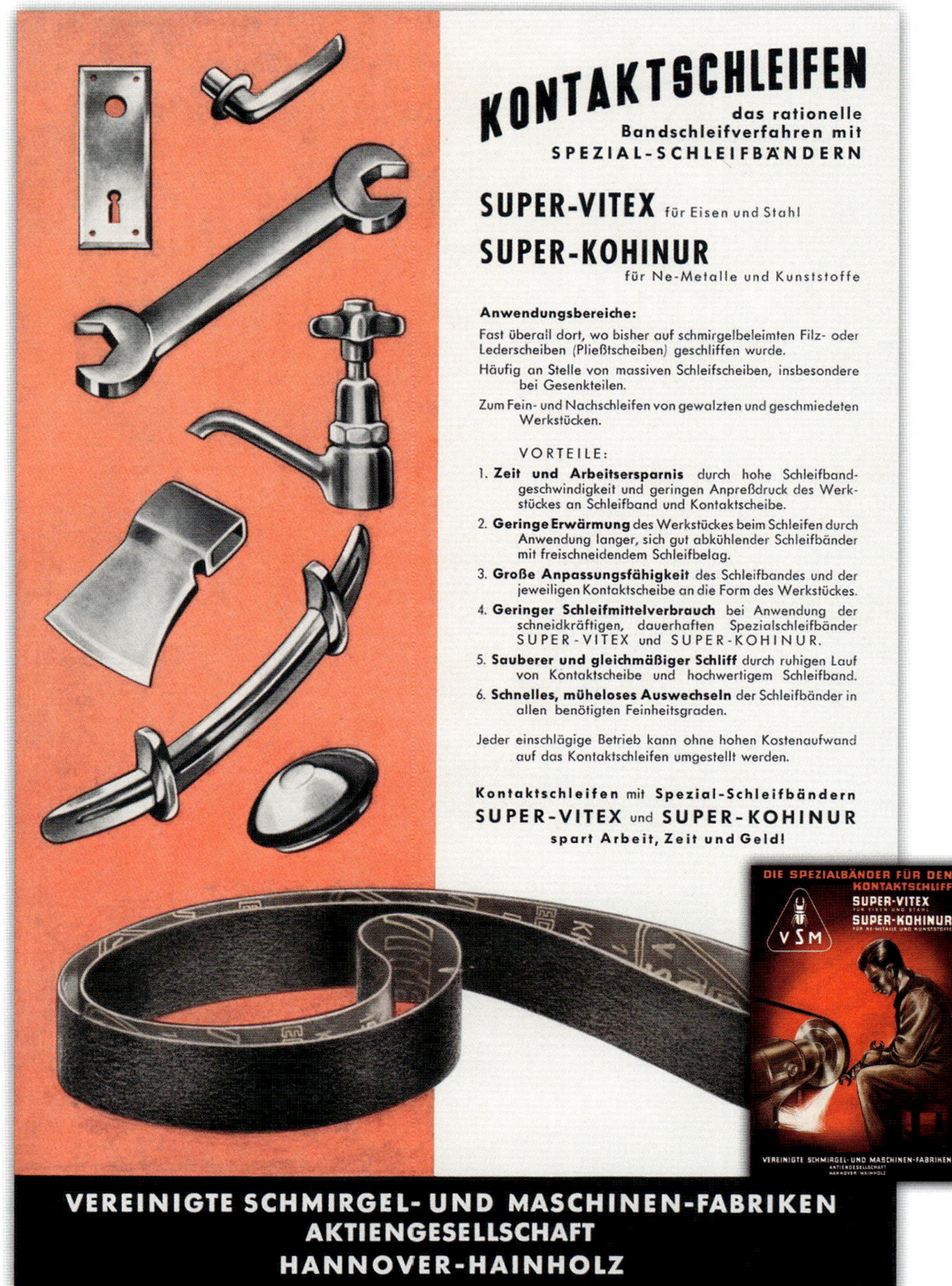

121 VSM, Rückseite eines Werbeprospektes von Heinz Brünig (klein die Vorderseite dazu)

122 Deckblatt für ein Werbeprospekt von Heinz Brünig (1913 bis 1982)

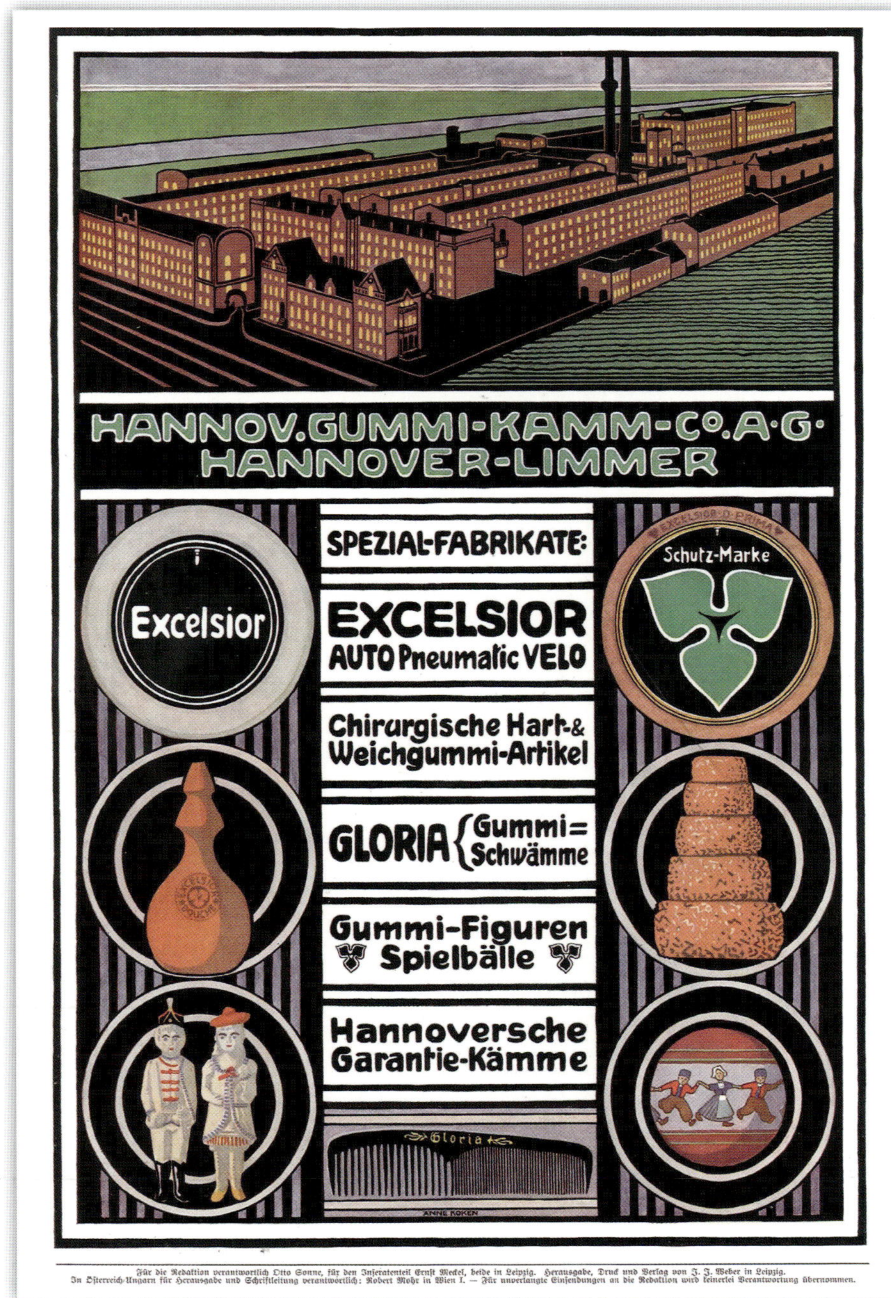

123 Zeitungsinserat der Hannoveranerin Änne Koken (1885 bis 1919)

124 UNESCO-Welterbe Oberharzer Wasserwirtschaft. Grube Samson, 1521 - 1921. Hölzernes Kehrrad mit zwei gegenläufig angeordneten Schaufelkränzen wickelte die Förderseile auf oder ab

125 Sperberhaier Damm, 1734. Blick auf den in Trockenmauerwerk ausgekleideten Wassergraben des bis zu 16 m hohen Aquädukts

126 Zellerfelder Kunstgraben, 17. Jh. Um manche Gräben im Winter zur Vorbeugung eines Einfrierens leichter abdecken zu können, wurden diese mit kleinen Steinbögen überspannt

127 Teichkaskade bei Clausthal-Zellerfeld. Im Bild oben der Hirschler Teich von 1660, darunter die Pfauenteiche, die alle aus der Zeit vor 1579 stammen

128 Besuchergruppe in einem Oberharzer Wasserlauf

129 Oberer Schwarzenbacher Wasserlauf, 1808, in Naturstein ausgemauert, 760 m lang

130 *Auf Siegkurs: Touareg in der Atacama-Wüste im Norden Chiles*

131 *Hochbetrieb am Service-Platz, der keine Tages- oder Nachtzeit kennt*

132 Blick in die Halle 1 des Luftfahrt-Museums Laatzen-Hannover

133 Diorama vom Flugpionier Karl Jatho, 1903 im Motorflieger

134 In der Halle 2 des Luftfahrt-Museums stehen einstige Gegner friedlich vereint beieinander

A 11
Arbeitskreis
Technik- und
Industrie-Geschichte
in der Region Hannover
AK TIG

135 *Der Arbeitskreis Technik- und Industrie-Geschichte in der Region Hannover (AK TIG) stellt sich seit 2001 der Herausforderung, auf Basis von Spenden und Zuwendungen Technik-Geschichte erlebbar zu machen, Motto: Innovation hat Tradition*

136 *Rademacher-Karikaturen über die positive Entwicklung der Hannover Messe*

Jahren international Aufsehen erregte. Zu diesem Zeitpunkt war in der internationalen Kunstszene El Lissitzky, der zur damaligen Avantgarde zählte, ebenso ein Begriff wie César Klein. Schwitters, El Lissitzky und Klein wurden von Beindorf für Pelikan unter Vertrag genommen.

Als eine junge Künstlerin machte sich zu Beginn des 20. Jahrhunderts noch vor dem Ersten Weltkrieg die Malerin Änne Koken (1885 bis 1919) einen Namen. Neben Landschaftsbildern, Stilleben, Glasfenstern, Kleidung und Bauchschmuck gehörten, nach Studium in München, Gebrauchsgrafiken und Reklamekunst zu ihren Betätigungsfeldern. Sie portraitierte die damalige Stadt Hannover in zahlreichen Bildern. Von 1910 an hatte sie in der Lavesstraße ein eigenes Atelier und zählte bereits zur ersten Reihe der deutschen Gebrauchsgrafiker. Sie arbeitete für Bahlsen, Continental und die hannoverschen Portland-Cementwerke. Zu ihren damals gut eingeführten Auftraggebern zählte das Feinkostunternehmen Appel, in der Gummiindustrie Excelsior, später ein Tochterunternehmen der Conti, sowie Werner & Ehlers.

Eine der umfangreichsten Sammlungen hannoverscher Werbegrafik wird heute von der ehrenamtlich tätigen Hanomag-Interessengemeinschaft bewahrt und gepflegt. Sie enthält das Lebenswerk des hannoverschen Werbegrafikers Heinz Brünig (1913 bis 1982). Diese Sammlung besteht aus einigen hundert Zeichnungen, Plakaten und Skizzen. Von 1937 bis 1953 arbeitete Brünig für die Hersteller von Tankanlagen, Marius Albrecht, die Hanno-Werke in Laatzen, die unter anderem Zugmaschinen herstellten, und die Hanomag als damaliger Produzent von Personen- und Lastkraftwagen sowie Zugmaschinen und Ackerschleppern. Brünig war aber auch für die Vereinigten Schmirgel- und Maschinen-Fabriken (VSM) in Hannover-Hainholz produktiv.

Zur Grafik gesellte sich die Fotografie. Sie ist seit längerem schon aus der modernen Werbung nicht mehr wegzudenken. Ihr Einfluss und ihre Gestaltungsmöglichkeiten können in diesem Rahmen nicht mehr ausführlich behandelt werden.

Horst-Dieter Görg / Dieter Tasch

Auf den Spuren der Hannover-Altenbekener Eisenbahn

Im Schatten der Staatsbahn startete Bethel Henry Strousberg im Juni 1869 den Bau der Verbindung Hannovers mit Altenbeken. Bis heute ist die Strecke stark frequentiert und ein Rückgrat im Öffentlichen Personennahverkehr in der Region Hannover. Schaut man sich im Stadtgebiet von Hannover – und da insbesondere in der heutigen Südstadt – ganz genau um, findet man bis heute Spuren der alten Linienführung der Hannover-Altenbekener Eisenbahn.

Am 24. Juni 1869 begann mit dem ersten Spatenstich für die Hannover-Altenbekener-Eisenbahn (HAE) ein neues Kapitel der Mobilität im ehemaligen Königreich Hannover. Die Eisenbahnlinie sollte die heutige Landeshauptstadt Niedersachsens mit Hameln und Altenbeken verbinden. Treibende Kraft hinter dem nicht zuletzt durch die Querung des Eggegebirges ehrgeizigen Projektes war Bethel Henry Strousberg (1823 bis 1884). Der „Eisenbahnkönig" hatte gute Kontakte zur preußischen Regierung und zu Finanziers aus Großbritannien. Inspiriert vom in England rasant fortschreitenden Bau von Eisenbahnlinien beschäftigte sich der Industrielle Anfang der 1860er Jahre mit Plänen, auch in Preußen zu bauen.

In der Region Hannover war Strousberg seit 1868 zu Hause. Nach dem Tod von Georg Egestorff kaufte er die Hannoversche Maschinenfabrik, die unter ihrem Telegramm-Kürzel Hanomag später weltberühmt wurde. Strousbergs Ziel war es, sich mit dem eigenen Werk unabhängig von anderen Eisenbahnlieferanten zu machen. Praktisch zeitgleich reiften die Pläne für den Bau der HAE. Neben der eisenbahntechnischen Erschließung Hamelns war die Deisterkohle ausschlaggebend für die Überlegungen zum Bau der Eisenbahntrasse. Die war nämlich nach der Fertigstellung der Bahnlinie Köln-Hannover trotz der geografischen Nähe im Vergleich zur Kohle aus dem Ruhrgebiet wirtschaftlich weniger attraktiv geworden. Nicht verständlich, schließlich musste die Deisterkohle bis dato mühsam von der Abbaustelle mit Pferdefuhrwerken in die Stadt nach Hannover geschafft werden.

Die Konzession zum Bau der Strecke erhielt Strousberg am 25. November 1868. Der Bau der insgesamt gut 110 Kilometer langen Strecke be-

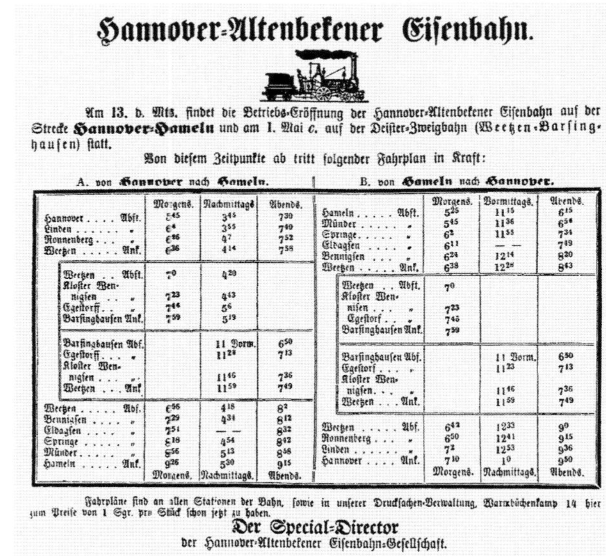

Hannover-Altenbekener Eisenbahn.

Am 13. d. Mts. findet die Betriebs-Eröffnung der Hannover-Altenbekener Eisenbahn auf der Strecke **Hannover-Hameln** und am 1. Mai c. auf der Deister-Zweigbahn (Weetzen-Barsinghausen) statt.

Von diesem Zeitpunkte ab tritt folgender Fahrplan in Kraft:

A. von **Hannover** nach **Hameln**.

	Morgens.	Nachmittags	Abends.
Hannover . . . . Abft.	5^{45}	3^{45}	7^{30}
Linden . . . . . . „	6^{4}	3^{55}	7^{40}
Ronnenberg . . . „	6^{26}	4^{7}	7^{52}
Weetzen . . . . . Ank.	6^{36}	4^{14}	7^{58}
Weetzen . . Abft.	7^{0}	4^{20}	
Kloster Wennigsen . . „	7^{23}	4^{43}	
Egestorff . . „	7^{46}	5^{6}	
Barsinghausen Ank.	7^{59}	5^{19}	
Barsinghausen Abf.		11 Vorm.	6^{50}
Egestorff . . . „		11^{28}	7^{13}
Kloster Wennigsen . . . „		11^{46}	7^{36}
Weetzen . . . Ank		11^{59}	7^{49}
Weetzen . . . . . Abf.	6^{56}	4^{18}	8^{2}
Bennigsen . . . . „	7^{29}	4^{34}	8^{12}
Eldagsen . . . . „	7^{51}	— —	8^{32}
Springe . . . . . „	8^{18}	4^{54}	8^{42}
Münder . . . . . „	8^{56}	5^{13}	8^{58}
Hameln . . . . . Ank.	9^{26}	5^{30}	9^{15}
	Morgens.	Nachmittags.	Abends.

B. von **Hameln** nach **Hannover**.

	Morgens.	Vormittags.	Abends.
Hameln . . . . . Abft.	5^{25}	11^{15}	6^{15}
Münder . . . . . „	5^{45}	11^{36}	6^{56}
Springe . . . . . „	6^{2}	11^{55}	7^{34}
Eldagsen . . . . „	6^{11}	— —	7^{49}
Bennigsen . . . „	6^{24}	12^{14}	8^{20}
Weetzen . . . . . Ank.	6^{38}	12^{28}	8^{43}
Weetzen . . Abft.	7^{0}		
Kloster Wennisen . . . „	7^{23}		
Egestorf . . „	7^{46}		
Barsinghausen Ank.	7^{59}		
Barsinghausen Abf.		11 Vorm.	6^{50}
Egestorf . . . „		11^{23}	7^{13}
Kloster Wennigsen. . . „		11^{46}	7^{36}
Weetzen . . . Ank.		11^{59}	7^{49}
Weetzen . . . . . Abf.	6^{42}	12^{33}	9^{0}
Ronnenberg . . . „	6^{50}	12^{41}	9^{15}
Linden . . . . . . „	7^{2}	12^{53}	9^{36}
Hannover . . . . Ank.	7^{10}	1^{0}	9^{50}
	Morgens.	Nachmittags.	Abends.

Fahrpläne sind an allen Stationen der Bahn, sowie in unserer Drucksachen-Verwaltung, Warmbüchenkamp 14 hier zum Preise von 1 Sgr. pro Stück schon jetzt zu haben.

Der Special-Director
der Hannover-Altenbekener Eisenbahn-Gesellschaft.

137 *Der „Eisenbahnkönig" Bethel Henry Strousberg auf dem Höhepunkt seiner Macht*

138 *Fahrplan der Hannover-Altenbekener- Eisenbahn Gesellschaft von Hannover nach Hameln und zurück*

gann im Jahr darauf in Weetzen im Südwesten Hannovers. Wiederum ein Jahr später brachte der deutsch-französische Krieg den Bau 1870 jedoch fast vollständig zum Erliegen.

Nicht so in Hannover selbst. Hier wurde fieberhaft an der Fertigstellung der Strecke zwischen Linden-Fischerhof und dem Rangierbahnhof Pferdeturm gearbeitet. Schließlich mussten die von Strousberg in Linden für den Krieg produzierten Lokomotiven abtransportiert werden. Wann genau dieses Teilstück für den Betrieb freigegeben wurde, ist in den Quellen nicht eindeutig dokumentiert. Fest steht allerdings, dass die zunächst als Militärgleis ausgewiesene Strecke im Januar 1871 bereits in Betrieb war.

Der eigentliche Ausgangspunkt der HAE war der Localbahnhof Hannover. Der befand sich in der Nähe des heutigen Bismarckbahnhofs auf dem Gelände, auf dem sich später der Südbahnhof befand. Neben dem Empfangsgebäude stand hier auch das Bahnbetriebswerk mit Drehscheibe und Waggonhalle. Der Bahnhof lag parallel zu den Gleisen der Staatsbahn, die bis heute vom Hauptbahnhof über Sarstedt und Nordstemmen nach Elze führen. Die Altenbekener Eisenbahn schwenkte kurz hinter dem Bahnhof im Bereich der Jordanstraße nach rechts von der Staatsbahn weg. Die Trasse folgte dem Altenbekener Damm, durchquerte etwa in Höhe des heutigen Restaurants Pier 51 die Leinemasch, die erst seit Anfang der 1930er Jahre zum Maschsee umgestaltet wurde. Jenseits der Leinemasch querte die Bahn die Ihme und mün-

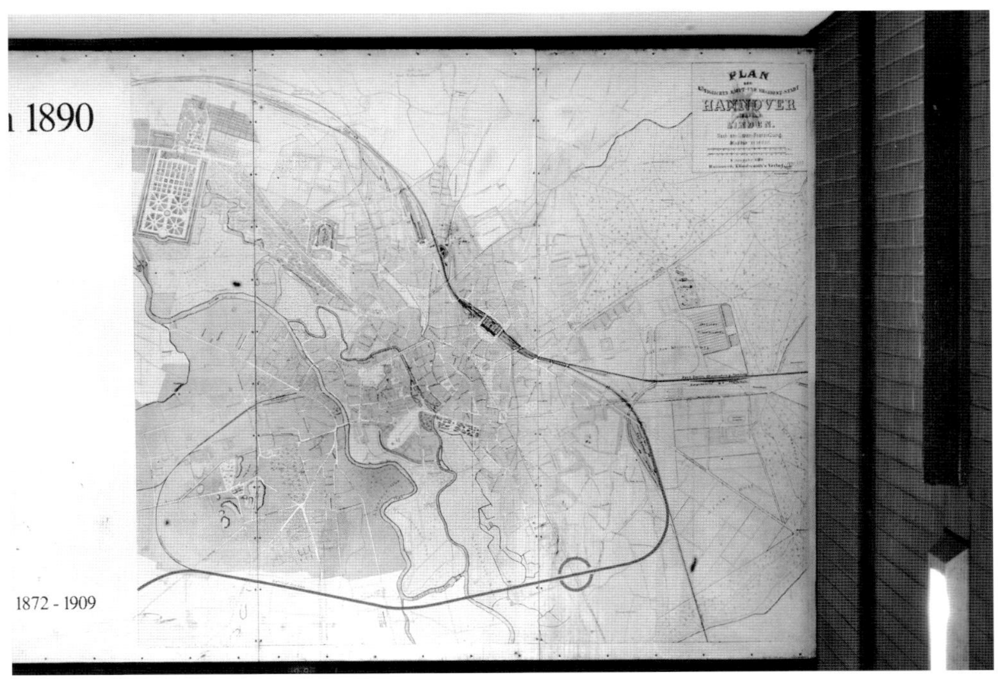

139 Aufwendiger Transport der Lokomotiven mit Pferdegespannen durch Linden bis 1872

140 Streckenplan der Hannover-Altenbekener-Eisenbahn in der heutigen U-Bahnstation Altenbekener Damm dete etwa im Bereich des S-Bahn-Haltepunktes Linden Fischerhof in die bis heute bekannte Streckenführung ein.

Fertig gestellt wurde die neue Strecke in ihrer vollen Ausdehnung Ende 1872. Nachdem der letzte Bauabschnitt bis Altenbeken durch das Eggegebirge befahrbar war, wurde die Strecke am 19. Dezember 1872 zunächst für den Güterverkehr freigegeben, wenig später, am 30. Dezember des gleichen Jahres erfolgte auch die Freigabe für den Personenzugverkehr.

Schaut man sich heute in der hannoverschen Südstadt um, ist von der Altenbekener Eisenbahn auf den ersten Blick nicht mehr viel zu entdecken. Als eindeutige Stücke alter Eisenbahngeschichte sind noch die Brücken über die Leine und die Ihme übrig geblieben. Die sind freilich schon längst ihrer Schienen beraubt und dienen seit Jahrzehnten Radfahrern und Spaziergängern auf dem Weg von und nach Ricklingen. Ohne dass viele Menschen von ihrem ursprünglichen Nutzen wissen, sind die mächtigen Stahlkonstruktionen untrennbar mit der ursprünglichen Streckenführung der Eisenbahn nach Hameln verbunden.

Zumindest in Form von Zeichnungen und kartografischen Darstellungen finden sich weitere Hinweise auf die Altenbekener Eisenbahn in der

Hannover-Altenbekener-Eisenbahn 1872 - 1909

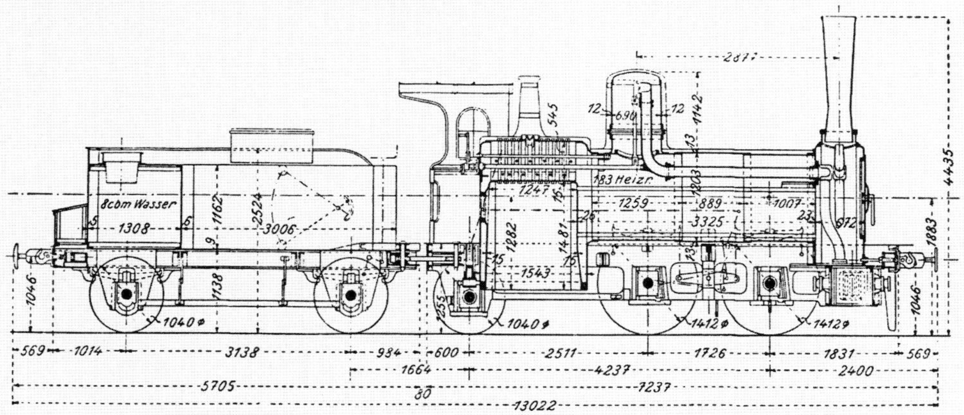

Von den in den Jahren 1869 bis 1874 im Werk von Dr. Strousberg gebauten 129 Lokomotiven dieses Typs wurden 22 Stück an die Hannover-Altenbekener-Eisenbahn geliefert.

Technische Daten: Triebwerk 419 / 576 / 1412 mm · Radstand 1727 + 2510 = 4237 mm · Rostfläche = 1,35 qm Heizfläche = 85,2 qm · Dienstgewicht = 27,3 to

141 Die B1 - Lokomotive, gebaut von der Hannoverschen Maschinenbau AG, vormals Georg Egestorff

142 Langgestrecke Brückenkonstruktion im Kreuzungsbereich der Stadt- und Eisenbahn bei der Gilde Brauerei

U-Bahn-Station Altenbekener Damm. Sie liegt unter der Straßenkreuzung Hildesheimer Straße und Altenbekener Damm. Als die HAE hier noch fuhr, gab es an dieser Stelle eine eisenbahntechnische Besonderheit zu bewundern: Im Bereich der Gildebrauerei – einem der ganz wenigen Bauwerke, die in der Südstadt schon vor dem Bau der HAE errichtet wurden – kreuzten damals die Gleise der hannoverschen Straßenbahn die der Altenbekener Eisenbahn auf einer langgestreckten Brückenkonstruktion. Und obwohl die Rampen bewusst sehr allmählich anstiegen, brauchten die pferdebespannten Wagen der damaligen Stadtbahn hier Vorspann. Daher gab es im Kreuzungsbereich neben dem Brückenbauwerk auch einen Stall. Heute ist davon natürlich bis auf eine Skizze der einstigen Kreuzungssituation an einer der Wände der Niedergänge zur U-Bahn nichts mehr zu sehen.

Ein Grund dafür, dass heute nur noch so wenig von der einstigen Linienführung zu entdecken ist, dürfte in der sprunghaften Entwicklung des Eisenbahnverkehrs in den Jahren nach der Eröffnung der Altenbekener Eisenbahn zu suchen sein. Insbesondere der Bahnknoten Hannover musste immer wieder erweitert werden. Das führte schließlich gegen 1890 dazu, dass der zuständige Minister der öffentlichen Arbeiten, Albert von Maybach, die Königliche Eisenbahndirektion Hannover dazu drängte, eine leistungsfähige Güterbahn anzulegen. Diese existiert bis heute in Form der sogenannten Güterumgehungsbahn, die vom Abzweig Ahlten über Waldhausen und den Rangierbahnhof Seelze bis nach Wunstorf führt. Mit dem Bau dieser Linie wurde die HAE von ihrem Ursprung im Schatten der Staatsbahn über den Bismarckbahnhof hinaus parallel geführt. Die Richtung änderte die neue Streckenführung erst am Abzweig Waldhausen. Von dort aus führt die Strecke südlich des heutigen Maschsees entlang bis zum Bahnhof Fischerhof.

Heute fungiert die HAE in erster Linie als S-Bahn-Linie. Das S-Bahn-Netz wurde in Hannover im Vorfeld der Weltausstellung Expo 2000 aufgebaut. Seitdem stellt es einen wichtigen Faktor, vor allem im täglichen Pendlerverkehr, dar.

Torsten Hamacher

143 Brücke aus der Zeit der Hannover-Altenbekener-Eisenbahn über die Leine, die heute als Fußgängerübergang genutzt wird

Der Traum vom Fliegen

Das Luftfahrt-Museum Laatzen-Hannover · Sammlung Günter Leonhardt

Der ewige Traum vom Fliegen, es den Vögeln gleich zu tun - das hat die Menschen schon immer beschäftigt. Und das schon lange, bevor die Pioniere der Luftfahrt überhaupt geboren waren. Ein zu Hause haben diese Träume im Luftfahrt-Museum in Laatzen.

Das Luftfahrt-Museum, weit über die Landesgrenzen hinaus bekannt, unmittelbar neben dem Messegelände in Hannover-Laatzen gelegen, zeigt auf einer Fläche von 3.500 qm² über 4.000 Exponate der Luftfahrtgeschichte. Zusammengetragen hat dieses der frühere Unternehmer und Gründer des Museums, Günter Leonhardt. Den Besucher erwartet in chronologischer Reihenfolge die geschichtliche Darstellung und Entwicklung der Fliegerei.

Aus der griechischen Mythologie, mit Ikarus, der mit seinem Federkleid in Wachs der Sonne zu nahe kam und abstürzte, den Gebrüdern Montgolfièr, denen im Dezember 1783 ihr erster Flug mit einem Heißluftballon gelang, zu Otto und Gustav Lilienthal, die mit dem Studium des Vogelfluges in den Jahren 1890 bis 1896 mit ihren selbstgebauten Segelapparaten und Gleitern die physikalischen Grundlagen für die Fliegerei geschaffen haben, von den Anfängen des Motorfluges im Jahre 1903, bis hin zum mehrfachen Überschall-Düsenjäger aus dem Jahre 1962.

144 Der Nachbau des „Normalsegelapparates" von Otto Lilienthal von 1894

145 Zwei Exponate vor dem Luftfahrt-Museum in Laatzen, eine Dornier Do 28 und ein HFB 320 „Hansa Jet"

146 Eine MIG 21 weist an der Karlsruher Straße in Laatzen unübersehbar auf das Luftfahrt-Museum hin

LUFTFAHRT-MUSEUM
LUFTFAHRT-MUSEUM HANNOVER/LAATZEN
INTERNATIONAL MUSEUM OF FLIGHT

Luftfahrtpioniere, wie u. a. die Gebr. Wright, aber auch der hannoversche Stadtinspektor Karl Jatho, waren es, die mit dem Bau ihrer fliegenden „Drahtverhaue" damals die Aufmerksamkeit erregten und zur Entwicklung des Motorfluges beigetragen haben. So verwundert es dann auch nicht, dass bei den ausgestellten Fluggeräten, dem Eindecker von Hans Grade aus dem Jahr1909 und der Junkers F 13 von 1919, dem ersten Ganzmetall-Passagierflugzeug der Welt, gerade einmal zehn Jahre liegen. Diverse Flugzeugnachbauten im Originalmaßstab, so auch eine Fokker Dr. I, des „Roten Baron" Freiherr von Richthofen oder das Flugzeug, die Ryan M-2 NYP „Spirit of St. Louis" des legendären Post- und Atlantikfliegers Charles Lindbergh, zeugen von der rasanten Entwicklung des Flugzeugbaus.

Zur besseren Erläuterung der zeitlichen Epochen sind neben diesen Fluggeräten Gegenstände des täglichen Gebrauchs wie unter anderem ein Hochrad, eine handbetriebene Waschmaschine, Bekleidung, eine im original erhaltene Postkutsche und vieles andere zu sehen. So hat der Besucher eine Vorstellung, wie zwischen der damaligen Technik und deren Nutzung diese Teile mit einander konvergieren.

Ein großer Teil der gezeigten Exponate ist dem militärischen Bereich zugeordnet. So wird die Luft-

147 Diorama vom erstem Motorflieger der Welt, Karl Jatho, bei seinen Flugversuchen auf der Vahrenwalder Heide

148 Nachbau von Hans Grade's Eindecker, mit dem er 1909 den „Lanzpreis der Lüfte" gewann

Museumsbesucher, die im Hubschrauber auf dem Pilotensitz Platz nehmen dürfen, wird die Technik und Funktionsweise aller Hebel, Schalter und Instrumente von den ehrenamtlichen Museumsmitarbeitern ganz genau erklärt. Den jungen Besuchern wird hierbei eine besondere Aufmerksamkeit gewidmet. Nachdem sie den Erklärungen gefolgt, gut zugehört und einmal die Steuerungsorgane betätigt haben, erhalten sie als Auszeichnung den „Hubschrauber-Pilotenschein für Kinder". Ein wunderbar offiziell anmutendes Dokument, das meist noch Tage nach dem Museumsbesuch Gesprächsstoff Nummer eins ist.

Neben zahlreichen Großexponaten, wie u.a. einem Starfighter F 104 G, einer Antonow An-2,

fahrtgeschichte des Ersten und Zweiten Weltkrieges, aber auch des sogenannten „Kalten Krieges", durch Luftfahrtzubehör, wie Navigationsgeräte, Fliegerbekleidung, Bordinstrumente, Karten- und Bildmaterial und militärische Auszeichnungen im Luftkrieg ergänzt. Ein Gedenkstein mit einem verbogenen Propeller erinnert an die bei Luftkämpfen und durch Absturz ums Leben gekommenen Flieger aller Nationen.

Doch wie funktioniert eigentlich das Fliegen? Vor allem bei einem Hubschrauber ohne Tragflächen?

149 Das erste Ganzmetall-Passagierflugzeug der Welt, die nachgebaute Junkers F 13

150 Der weltbekannte „Rote Baron", Freiherr von Richthofen, mit seiner Fokker Dr. I dem größten einmotorigen Doppeldecker der Welt, einem Jagdflugzeug vom Typ Focke-Wulf Fw 190 A-8, die einzige Maschine in einem deutschen Museum, sowie einer flugfähigen englischen Spitfire Mk XIV aus dem Jahre 1944, wird die Luftfahrtgeschichte dargestellt.

Mehr als 700 Flugzeugmodelle, originalgetreu gefertigt, überwiegend im Maßstab 1:72, daneben viele Dioramen gleichen Maßstabs bereichern die Ausstellung. Das Gros davon hat Siegfried Fricke, ein Ehrenamtlicher der ersten Stunde, seit des Bestehens des Museums, gefertigt. „Die meisten Modelle habe ich anhand von Fotos und anderen Dokumenten nachgebaut", berichtet Fricke, der dem Hobby schon während seiner Arbeit als Bäckermeister und später als Kartograph frönte.

Eine Besonderheit im Luftfahrtmuseum ist die Dauerausstellung über die Entwicklung des Schnellfluges. „Vom Wright Flyer zum Eurofighter", so das Thema, das mit Flugzeugmodellen im Maßstab 1:48 und umfangreichen Dokumentationen und Bildern dem Besucher erklärt wird. Gezeigt wird, wie durch verbesserte Konstruktionsmerkmale und aerodynamischen Veränderungen an den Flugzeugen extreme Geschwindigkeiten, große Reichweiten und Höhen erreicht wurden.

Hubschrauber-Pilotenschein

(für Kinder)

Klein Jonas 13.06.2005

(Name) (Vorname) (Geb.Datum)

hat am 8.8.2011 im Luftfahrtmuseum Laatzen eine fachkundige Einführung in das Fliegen von Hubschraubern erhalten.

K.-D. Hoppe

(Mitarbeiter des Museums)

LUFTFAHRT-MUSEUM LAATZEN-HANNOVER e.V.

151 *Französischer Hubschrauber, Alouette II, erster serienmäßig gefertigter Hubschrauber mit einer Turbine*

152 *Hubschrauber-Pilotenschein für Kinder*

153 Nachbau der legendären „Spirit of St. Louis" – das Flugzeug, mit dem Charles Lindbergh am 20. Mai 1927 im Nonstop-Flug den Atlantik überquerte

Ein weiterer Höhepunkt des Museums ist ein großes Diorama, das einen See in Nord-Norwegen zeigt. „1940, im zweiten Weltkrieg sind hier 13 Junkers Ju 52 Flugzeuge auf dem Eis gelandet und später versunken", schildert Fricke. Museumsgründer Leonhardt hat 1986 einige Maschinen in einer spektakulären Aktion vom Grund des Hartvikvann-See aus 70 Meter Tiefe bergen und nach Deutschland transportieren lassen. Ein Film der Bergung zeigt den Besuchern das bis heute einmalig gebliebene Unternehmen. Die teilweise restaurierten Maschinen sind heute in verschiedenen Museen in Deutschland zu besichtigen.

Etwas für Technikfans ist die Sammlung alter und neuer Triebwerkstechnik. Zu sehen sind unter anderem ein Stern-Umlaufmotor aus dem Jahre 1911, der sich mit dem Propeller um eine feststehende Kurbelwelle dreht, sowie klassische, teilweise als Schnittmodell ausgestellte Reihen- und Sternmotoren sowie Strahltriebwerke. Darunter das einzig noch existierende von Junkers gefertigte Strahltriebwerk der Welt, Jumo 004 A.

Leihgaben, wie eine von der Firma MTU-Maintenance Hannover ausgestellte Turbine von General Electric, mit 233 kN Schub, für eine Boenig 747-300 „Jumbo" oder Airbus A300, wirken beeindruckend zu einem gegenüberge-

154 *Die Mikojan-Gurewitsch MiG-15 war ein sowjetisches Jagdflugzeug der 1950er Jahre*

155 *Focke-Wulf Fw 190 A-8, einsitziges Jagdflugzeug im Zweiten Weltkrieg*

stellten aus dem Jahre 1944 gefertigten 2.000 PS, 14 Zylinder BMW-Doppelsternmotor.

Darüber hinaus verfügt das Luftfahrtmuseum über eine große Bibliothek mit 4.500 Büchern an Fachliteratur, Ordnern und Zeitschriften sowie Nachschlagewerken der Luftfahrthistorie, ergänzt durch diverses Film- und Fotomaterial auf DVD's.

Alles in allem bietet das Luftfahrtmuseum in Laatzen so einen umfassenden Überblick über die Entwicklung der Fliegerei.

156 Erstes serienmäßig gefertigtes Strahltriebwerk der Welt, eingesetzt in der Messerschmitt Me 262

157 Lockheed F-104 G Starfighter, einstrahliger Jagdbomber, ca. 2.200 km/h in 11.000 Meter Höhe

Empfehlenswert ist aufgrund der Vielseitigkeit der Exponate und der zum Teil bemerkenswerten Entwicklungssprünge eine Führung durch das kompetente ehrenamtliche Museumspersonal.

Luftfahrt-Museum Laatzen-Hannover e.V.
Stiftung Günter Leonhardt

Ulmer Straße 2 · 30880 Laatzen
Telefon (05 11) 8 79 17 91 und -92

www.luftfahrtmuseum-hannover.de

Öffnungszeiten: Dienstag bis Sonntag durchgehend von 10:00 bis 16:45 Uhr und nach Vereinbarung. Letzter Einlaß 16:00 Uhr

Torsten Hamacher / Klaus-Dieter Hoppe

Innovation aus Tradition

Der AK TIG und seine Ziele

Mit dieser vorliegenden, vierten Veröffentlichung haben die ehrenamtlich engagierten Mitstreiter des Arbeitskreises Technik- und Industrie-Geschichte in der Region Hannover, kurz AK TIG, die 2009 begonnene Buch-Reihe zu hannoverschen Technik-Themen fortgesetzt. Uns geht es dabei nicht vordringlich darum, reine Technik aus Hannover zu zeigen oder dafür zu werben, sondern die Menschen dahinter einzubinden und zu würdigen, um ihre teilweise bahnbrechenden Erfindungen in einen historischen Kontext zu stellen.

Wichtigstes Ziel des Arbeitskreises Technik und Industrie-Geschichte und seiner Mitstreiter ist es, in Hannover endlich ein interessantes und vielseitiges Technik-Forum zu etablieren, das die Entwicklungen von Damals zeigt, sie der Technik von Heute gegenüber stellt und zugleich Visionen präsentiert, mit denen die „Welt von Morgen" angedacht wird. Vor allem die Jugend soll an die großen Pioniere der Region erinnert werden; an Tüftler und Bastler, an Querdenker und Genies, deren Erfindungen nicht vergessen werden dürfen und die einen der Leitsätze des Arbeitskreises Technik und Industrie-Geschichte rechtfertigen: „Innovation aus Tradition".

Die nächsten Projekte sind schon definiert:

- Der Diesel-Weltrekordwagen der Hanomag von 1939 wird betriebsfähig aufgearbeitet. Technik, Baupläne, einige Fotos und Modelle sind bereites vorhanden.
- Der HAWA Vampyr, das erste Thermik-taugliche Segelflugzeug der Welt, mit dem 1921 der erste Stundenflug gelang, entsteht flugtauglich neu.

Exponate sind so reichlich vorhanden wie Inhalte, mit denen eine attraktive und ansprechend aufgemachte „Welt der Technik" ausgestattet werden könnte. Flächen bieten sich in der Messe-Metropole Hannover z.B. im ehemaligen Eilers-Werk, beim neu entstehenden Schloss Herrenhausen sozusagen gleich um die Ecke. Zukunft braucht Herkunft, gerade in einer Landeshauptstadt! Für weitere Aktivitäten liefern der AK TIG und das Technik-Forum Hanomag die Anstöße.

Kontakte zum AK TIG:
gunter.hartung@t-online.de und h-dieter.goerg@t-online.de

Es begann in Hannover ...

Eine Reihe über Menschen, Technik und Welterfolge aus Hannover präsentiert eine erste Auswahl zu Persönlichkeiten, mutigen Unternehmern und technischen Meilensteinen, die von der Leinemetropole aus in die Welt gingen. Wie ein 1920 in Hannover gebautes HAWA-Elektro-Auto, das Sammler aus Australien reimportierten. Vorgestellt wird auch die Polizeigeschichtliche Sammlung und weltweit vorbildliche Unternehmen wie WABCO und die Deutsche Messe AG.

Vieles nahm in Hannover seinen Anfang und sollte nicht vergessen werden. Denn heute wie morgen gilt, Innovation aus Tradition.

96 Seiten, mit 126 teilweise farbigen Abbildungen, 9 Kapiteln mit ca. 13 Beiträgen. Fester Einband im Format 270 x 220 mm. ISBN 978-3-923976-65-2

Flugziel Hannover ...

Das zweite Buch aus der Reihe über Menschen, Technik und Welterfolge aus Hannover. Die Wiege der modernen Luftfahrt steht in Hannover. Am 18. August 1903 – bereits vier Monate vor dem ersten Flugversuch der Gebrüder Wright – startete Karl Jatho zu seinem ersten Motorflug auf der Vahrenwalder Heide. Über 100 Jahre Luftfahrtgeschichte und die Erfolgsstory Hannover Airport (HAJ) sind unmittelbar miteinander verbunden.

Das Buch berichtet über die Weitsicht der Planer und Macher, die politischen Weichenstellungen, der Standortsuche, dem Bau, den Luftfahrtschauen (ILA) sowie der Weiterentwicklung bis zum heutigen Tag.

Auf 112 Seiten, mit über 160 Abbildungen wird über 100 Jahre Luftfahrtgeschichte Hannovers in 9 Kapiteln berichtet. Fester Einband im Format 270 x 220 mm. ISBN 978-3-923976-75-1

Tüftler und Querdenker ...

Engländer lieben, im Gegensatz zu den meisten Deutschen, ihre Querdenker. Sie blockieren noch nicht einmal jene Sonderlinge, die am „Speakers Corner" im Londoner Hyde Parc vor mal mehr, mal weniger Passanten ihre Thesen verbreiten, so „abgedreht" die auch manchmal sein mögen. Dieses Buch liefert Denkanstöße und Belege für die These, dass Deutschland offenbar ein ziemlich gestörtes Verhältnis zu seinen Visionären hat.

Als Beispiel für diese Einschätzung steht der hannoversche Luftfahrtpionier Karl Jatho. Der umfangreiche Bildteil dokumentiert die spektakuläre Rekonstruktion eines der ältesten Motorflugzeuge der Luftfahrtgeschichte.

96 Seiten, mit 120 farbigen Abbildungen, fester Einband im Format 270 x 220 mm. ISBN 978-3-923976-67-6

Danksagungen

Stephan Weil, Oberbürgermeister der Landeshauptstadt Hannover, verdanken wir die Initiative zu dieser Buch-Reihe. Die Umsetzung wurde möglich durch das spontane Engagement der Versicherungsgruppe Hannover (VGH) und ihres Vorstandsvorsitzenden, Dr. Robert Pohlhausen.

Zahlreiche neu aufgefundene Bilder stammen aus privaten und öffentlichen Quellen. Unser Dank gilt hier besonders Jürgen Dittmer, Archiv der Pelikan Vertriebsgesellschaft mbH & Co. KG, Günther Eiden, Hannover, Dr. Andreas Fahl, Historisches Museum Hannover, Torsten Hamacher, Hannover, Klaus-Dieter Hoppe, Luftfahrt-Museum Laatzen-Hannover, Udo Ivannek, ÜSTRA Hannoversche Verkehrsbetriebe AG, Christian Jäger, Hannover, Fritz Kelle, VSM Hannover, Hans Kindsvater, Hannover, Ingrid Mecklenburg, Sprengel-Museum Hannover, Stefan Moser, Volkswagen-Motorsport Hannover, Elke von Plehn, H. Bahlsen Hannover, Professor Dr. Erwin Stein, Gottfried-Wilhelm-Leibniz-Universität Hannover, Justus Teicke, Harzwasserwerke Clausthal-Zellerfeld, Detlef Thonke, VSM Hannover, Hans-Joachim Weise, Schröder & Weise Classics Hannover, sowie Birgit Zimny, Gottfried-Wilhelm-Leibniz-Bibliothek Hannover.

Für Anregungen danken wir Friedrich Oehler, Springe-Völksen, Walter Thies, Bochum, aber auch Eckhart Bartels stellvertretend für die Mitglieder des Arbeitskreises Technik- und Industriegeschichte in der Region Hannover (AK TIG). Bei der Gestaltung und redaktionellen Überarbeitung der Texte haben dankenswerterweise Eckhart Bartels, Torsten Hamacher, Gunter Hartung und Klaus-Dieter Hoppe mitgewirkt.

Ohne die freundliche Mithilfe von Klaus Eberitzsch, Leuenhagen und Paris, eine Spende von Andreas Asche, PHOENIX Werbung, Service & Communication sowie das Lektorat von Eckhart Bartels und Friedrich Netzel wäre dieses Buch so kurzfristig nicht realisierbar gewesen.

Autorenverzeichnis

Horst-Dieter Görg, Dipl.-Ök., Jahrgang 1959, ist freiberuflich tätig in der Presse- und Öffentlichkeitsarbeit sowie Veranstaltungsorganisation. Buchautor und Unternehmenschronist seit 1991. Fahrzeugsammler und Technikhistoriker, Vorsitzender der Hanomag IG e.V., Redaktionsbüro in Hildesheim.

Torsten Hamacher, Journalist, Jahrgang 1973, in leitender Funktion bei der Wirtschaftszeitung „Norddeutsches Handwerk" tätig, lebt in Hannover.

Gunter Hartung, Jahrgang 1942, Journalist und Luftfahrt-Fachbauchautor. Von 1967 bis 2001 in Folge Reporter, Moderator, Redakteur und Feature-Autor des NDR, u.a. Filme über Luftfahrtthemen und exotische Kulturen (Länder, Menschen, Abenteuer). Projektleiter „Nachbau des Jatho-Drachens", lebt in Hannover.

Klaus-Dieter Hoppe, Dipl.-Ing., Jahrgang 1939, langjährig leitender Angestellter in TRW Motorenteile, Barsinghausen /Hannover, Mitglied im Vorstand des Luftfahrt-Museum Laatzen-Hannover e.V., lebt im Ruhestand in Bad Nenndorf.

Erwin Stein, Jahrgang 1931, Dr.-Ing. habil., Dr.-Ing. E. h. Dr. h. c. mult., Universitätsprofessor em. für Baumechanik und numerische Mechanik, Leibniz Universität Hannover; Hauptforschungsrichtung Verifikation und Validierung in Computational Mechanics, über 400 Veröffentlichungen, eingehende Befassung mit Gottfried Wilhelm Leibniz als Philosoph, Theologe, Mathematiker, Physiker und Techniker, dem er seit 1990 bisher 12 Ausstellungen im In- und Ausland widmete, lebt in Isernhagen.

Dieter Tasch, Journalist, Jahrgang 1928, langjähriger Chefreporter bei der Hannoverschen Allgemeinen Zeitung, Buchautor, lebt im Ruhestand in Hannover.

Bildnachweis

Personen:

Horst-Dieter Görg, Hildesheim: 91, 95 – 105, 121, 122, 135, 137 – 139, 141; Torsten Hamacher, Hannover: 140, 143, Buchrückseite links; Christian Jäger, Hannover: Titel-Foto, Schmuck-Titel / Seite 1, 106, 114, 120, 123

Institutionen:

Deutsche Messe AG: 109; Gottfried-Wilhelm-Leibniz-Bibliothek, Hannover: Vorsatz links, 11, 12, 13, 15, 16, 19, 24, 29; Gottfried-Wilhelm-Leibniz-Universität, Hannover: 10, 14, 17, 18, 20, 21, 22, 25, 27, 28, 30, Nachsatz rechts; Harzwasserwerke, Hildesheim / Professor Reinhard Roseneck: 124 – 129, Nachsatz links; Hermann Bahlsen, Unternehmenskommunikation, Hannover: 78 – 90, 92 – 94; Historisches Museum, Hannover: Vorsatz rechts, 23, 26, 31 – 37, 115 – 117, 119; Luftfahrt-Museum Laatzen-Hannover e.V.: 132 – 134, 144 – 157; Pelikan-Archiv, Hannover: 65 – 77, Sammlung Schroeder & Weise, Hannover: 108, 110 – 113; Sprengel-Museum Hannover: 118; Üstra-Archiv (Horst-Moch): 142; Vereinigte Schmirgel- und Maschinenbau-Fabriken AG (VSM), Hannover: 38 – 53, Versicherungsgruppe Hannover (VGH), Unternehmensarchiv: 1 – 9; Volkswagen Motorsport, Hannover: 54 – 64, 130, 131, Buchrücken rechts; Wikipedia: 107, 136

Weiterführende Literatur

Kathleen Allner / Autorenteam, Schriften des Historischen Museums Hannover, 30: Pelikan – Ein Unternehmen schreibt Geschichte, Hannover, Druckhaus Pinkvoss, 2008

Hermann Bahlsens Keksfabrik KG, Festschrift zum 75. Gründungstag, Hannover, 1964

Michael Bahls: Die Hannover-Altenbekener Eisenbahn. Kenning Verlag, Nordhorn, 2006

Horst-Dieter Görg / Autorenteam, 750 Jahre Verkehr von und nach Hannover, Katalog zur Ausstellung, CW Niemeyer-Druck, Hameln, 1991

Horst-Dieter Görg: 80 Jahre Hanomag Kommißbrot – Deutschlands erster Volks-Wagen, Mundschenk Druck- und Verlagsgesellschaft, Soltau, 2005

Eike Christian Hirsch / Günter Schmidt: VGH – 250 Jahre Landschaftliche Brandkasse Hannover, 2000

Eberhard Landes u. a.: Eisenbahnen in Hannover - Eine Chronik, Autorenverlag, Hannover, 1991

Dieter Tasch, 50 Jahre Zukunft – Messen in Hannover 1947 bis 1997, Verlagsgesellschaft Grütter, Hannover, 1997

Teichlandschaft bei Buntenbock südlich von Clausthal-Zellerfeld zu nebenstehender Skizze, allerdings mit Blick nach Norden, Unterer und Oberer Eschenbacher Teich